Carmen Huidobro y Belén Hinojar

Manual para dar la turra sobre la crisis climática

SOMOS B

Penguin
Random House
Grupo Editorial

Primera edición: febrero de 2024

Printed in Spain – Impreso en España

ISBN: 978-84-666-6956-6
Depósito legal: B-20.258-2023

Compuesto en M. I. Maquetación, S. L.
Impreso en Gómez Aparicio, S. L.
Casarrubuelos (Madrid)

BS 6 9 5 6 A

Índice

Nota de las autoras

Spoiler: esto no es un libro de ciencia...
Ni de concienciación...
Tampoco es un libro de activismo...
Aquí no vas a encontrar las soluciones...
Es un libro de comunicación. ¡Sorpresa!

Porque creemos que dar la turra BIEN es el primer paso para frenar esta crisis climática.

Entonces sí que es un poco de soluciones.
Y de activismo, del de andar por casa.
Y de concienciación, claro.
Y la ciencia también está ahí.

Pero si no lo comunicamos bien, de forma que realmente nos quieran escuchar, nos quedaremos en la burbuja de personas concienciadas y no conseguiremos avanzar.
Y de esto trata el libro.
De dar la turra. :)

En este QR encontrarás nuestra propuesta de banda sonora para acompañar la turra climática. Ya sabes que las emisiones, como el perreo, ¡hasta el suelo!

Empecemos por el principio, los cimientos de la movida.

1. *KÉ* ESTÁ *PASANDA*

Canción de la *playlist*:
«Big Girls Don't Cry» - Fergie

Moscow Abonodelmetro

Ingredientes

- vodka, jugo de lima
- cerveza de jengibre (te aguantas, la venden en algunos sitios)
- una rodaja de limón

Preparación

En un vaso de cobre con hielo, mezcla vodka y jugo de lima. Completa con *ginger beer* y decora con una rodaja de ese limón a punto de morir que tienes abandonado en la nevera. ¡Listo para disfrutar del refrescante «Moscow Abonodelmetro»!

Si estás leyendo esto es porque eres más o menos consciente de que nos encontramos ante la mayor crisis a la que se ha enfrentado la humanidad jamás (sin presión). A nosotras nos encantaría que no nos estuvieras leyendo, la verdad, porque eso significaría que no habríamos escrito el libro, y a su vez significaría que no habríamos entrado en toda esta movida de ver cómo lidiamos con la crisis climática porque no estaría pasando. O sea, que nos encantaría vivir en un mundo sin emergencia climática, pero aquí estamos. No sé si nos entiendes.

Por desgracia, esta es la situación que nos toca vivir. No es por ser dramáticas, pero estamos ante un contexto nunca antes visto en este planeta. Y, la verdad, es bastante chungo. Lo peor es que lo hemos provocado nosotras mismas. Bueno, nosotras *nosotras* no. Nosotras como especie humana, como algo que ha surgido de nuestra mano. Que no es como la amenaza de un meteorito, vaya. Han sido años y años de liarla parda hasta llegar adonde estamos hoy, y seguirá empeorando si no hacemos nada.

Si vivimos ante la mayor crisis a la que se ha enfrentado la humanidad, ¿por qué parece que la gente sigue sin enterarse?

Esta es LA PREGUNTA que nos hicimos nosotras y la que nos llevó a iniciar Climabar y, finalmente, a escribir este libro. Aquí encontrarás una serie de ideas y razonamientos con los que argumentamos que el problema reside en que esta historia se ha contado como el culo. Desde el minuto uno. Es decir, el problema siguen siendo las emisiones de gases de efecto invernadero, como trataremos a continuación, pero la manera en que nos han contado esta movida es la causante de esta insuficiente movilización. Y, bajo nuestro humilde punto de vista, una de las cosas que está frenando la acción climática.

Pero para este capítulo, vamos a centrarnos en qué ha pasado. En la ciencia detrás de la movida. Porque, mi cieJa, nosotras creemos que el primer paso para actuar es estar informadas. Y hay tres cosas que debes tener muy claras:

1. La crisis climática es una amenaza que ya está produciendo daños irreparables.
2. Ha sido indudablemente provocada por los humanos.
3. Se debe a nuestra dependencia de los combustibles fósiles.

Así-de-simple.

Recordad, niños y niñas, la ciencia no es una opinión. Tratar de debatir estos tres puntos es como tratar de debatir si existe la gravedad. O si los pantalones de tiro bajo son una buena idea. Todo el mundo sabe que son una pésima idea, ¿qué coñ* pretende la gente que intenta volverlos a poner de moda? ¡Por amor al cielo, dejad de intentar que vuelvan! Ni quiero ni voy a tener el estómago de Kendall Jenner, y no pasa nadaaa, porque me gusta mi tripita como los recursos naturales: a buen recaudo.

Aunque, por desgracia, sabemos que hay gente para todo. Así que te dejamos por aquí nuestros gráficos de confianza con la evidencia climática más innegable. Porque los datos no mienten, y vas a flipar. Es que se ve superclaro que hemos generado un problemita. Y quien no quiera mirarse los gráficos, los datos y leerse los *papers* científicos, que como mínimo no moleste.

Las emisiones de dióxido de carbono han subido más que nuestra factura de la luz en los últimos años. Este gas, el CO_2 (para no escribir tanto vamos a abreviarlo así), es el más famoso de todos y lo mencionan todo el rato. Si los gases de efecto invernadero fueran las Destiny's Child, este sería su Beyoncé.

Es el gas de efecto invernadero que más se ha emitido hasta la fecha. Pero es que no te haces una idea de cuánto cuando hablamos de «el gas que más se ha emitido», es una locura, de verdad. Para ayudarte a imaginarlo traemos el primero de nuestros maravillosos gráficos: la concentración global de CO_2 en la atmósfera.

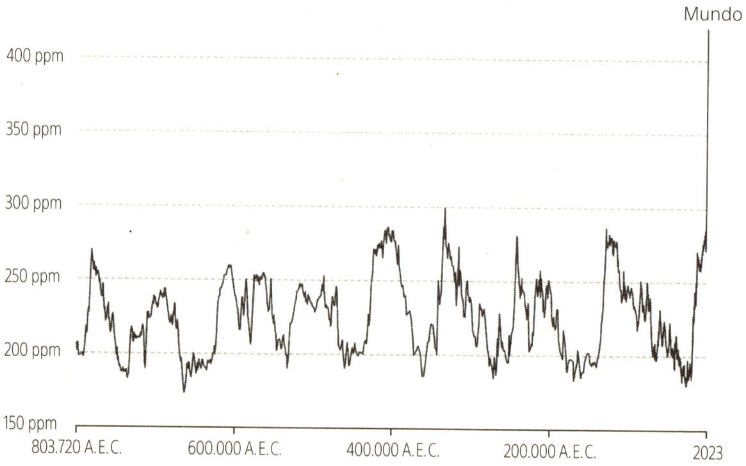

Gráfico 1. Concentración global de CO_2 en la atmósfera. Fuente: National Oceanic and Atmospheric Administration (NOAA), vía Our World in Data.

Sí, la concentración de CO_2 en la atmósfera (y por tanto, cuánta cantidad se ha emitido desde el planeta) ha variado mucho a lo largo de la historia. ¡ALERTA! Este es el argumento que usan muchos negacionistas para justificar su negacionismo, es verdad; cuando uno tiene razón, tiene razón. El tema es que detrás de estas variaciones y picos máximos y mínimos están los periodos de glaciaciones, que, mágicamente (oh, la ciencia), coinciden en fechas. Cuando ha habido un periodo de glaciación, hay baja concentración de CO_2, ya que está atrapado (*atrapadaaa*) en la tierra y agua congelada. Pero cuando llega el calor (*los chicos se enamoran*) se derriten los hielos y se libera el CO_2 nuevamente. Y así años y años por ciclos, hasta que llegamos a ese pico de concentración de CO_2 gigante que es prácticamente una línea vertical.

Muy loco, ¿no? ¿Qué ha pasado ahí?

Que la concentración haya subido tanto significa que ese CO_2 está saliendo de algún lado. Como ha sido en un periodo tan corto de tiempo, en ese gráfico no se aprecia bien en qué época de nuestra historia empieza ese aumento. Para verlo en detalle, tenemos que hacer zoom. Y esto es posible gracias a nuestro segundo gráfico maravilloso de confianza: las emisiones globales anuales de CO_2.

El pico de emisiones de CO_2 empieza a subir hacia el año 1850. ¿Y sabes qué empezó por esa época? Voy a dejarte unos segundos a ver si te viene a ti solita.

No, eso no.

¿Los Peaky Blinders? Bueno, no vas mal, pero no.

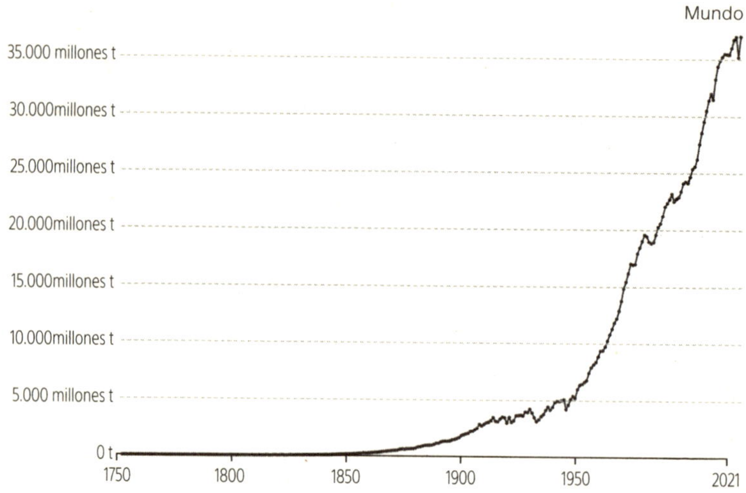

Gráfico 2. Emisiones anuales de CO_2. Fuente: Our World in Data, basado en el Global Carbon Project (2022).

Sí, esto sí. ¡La famosa Revolución Industrial!

Según la fuente más fiable que tenemos a mano (Wikipedia) la Revolución Industrial es «el proceso de transformación económica, social y tecnológica que se inició en la segunda mitad del siglo XVIII en el reino de Gran Bretaña, que se extendió unas décadas después a gran parte de Europa Occidental y la América anglosajona, y que concluyó entre 1820 y 1840». Vaya, justo alrededor del año donde el pico empieza a subir. Y tú dirás, ¿qué tendrá que ver esta transformación con las emisiones? Pues es que, amiga, estas transformaciones fueron impulsadas gracias a la quema de carbón como una de las principales fuentes de energía. ¿Y qué es el carbón? Un combustible fósil que emite CO_2 a la atmósfera cuando se quema.

¿Y sabes quiénes más se unieron a la fiesta poco después?

Exactamente. El petróleo y el gas.

¿Ves por dónde van los tiros? Desde la Revolución Industrial, empezamos a quemar combustibles fósiles a mansalva emitiendo CO_2 y otros gases de efecto invernadero a la atmósfera. El hecho de que nos pusiéramos a talar árboles y destruir campos y naturaleza también tuvo mucho que ver. Parece que nos pusimos de acuerdo para ver cómo podemos emitir mayor cantidad de gases más rápido, «a ver qué pasa». Una especie de «¿a que no hay huevos de calentar la superficie terrestre y liarla parda?». Ese «no hay huevos» machirulo y abusivo atentando contra las personas y la atmósfera de nuestro planeta.

También es verdad que no tenían por qué saber que esto pasaría. Aunque algunos sí lo sabían y siguieron haciéndolo, como cuando colocas la mierda en un armario sabiendo que al siguiente que abra la puerta se le va a caer todo... Pero de eso hablaremos más adelante.

El caso es que, como vemos en el siguiente de nuestros gráficos de confianza (la anomalía de la temperatura media global), la temperatura de la superficie terrestre se empieza a calentar a consecuencia de las emisiones.

Primero, parece que no demasiado, pero luego sube a lo bestia. Porque esto no ocurre inmediatamente, sino a medida que los gases de efecto invernadero se empiezan a acumular de más. Más de lo que corresponde de forma natural, sabes lo que te decimos, que

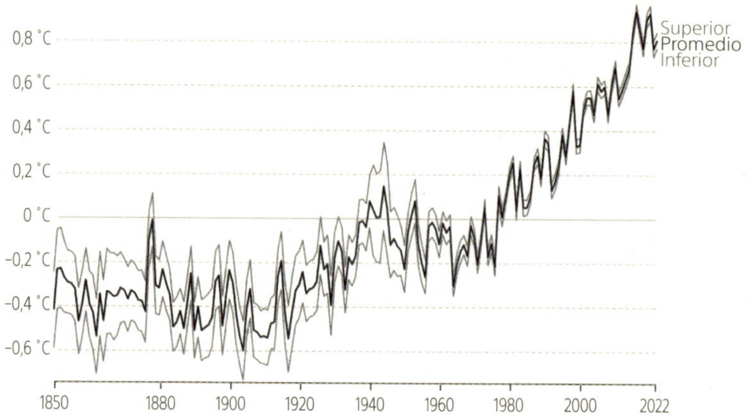

Gráfico 3. Anomalía de la temperatura media global. Fuente: Met Office Hadley Centre (HadCRUT5), vía Our World in Data.

estos gases ya eran naturales de la atmósfera, era su lugar, pero esto es como... cuando se peta el vagón del metro a primera hora. Eso NO está hecho para albergar a tanta gente y luego hay agobios y desmayos. Pues con la Tierra, lo mismo. Digamos que estamos petando la atmósfera de gases y le está entrando ansiedad. Ansiedad traducida en un montón de catástrofes desencadenadas por el aumento de temperatura en la superficie terrestre. Porque esto es lo que produce el aumento de gases de efecto invernadero en la atmósfera, y por eso se llaman así: al haber más concentración, retienen el calor, funcionando como un invernadero sobre el planeta. Como cuando te dicen que no te pongas demasiada base de maquillaje para que tu piel respire. ¿Podemos pasar un poco de agua micelar? Gracias.

Después de esta turra, por si quedara alguna duda, te volvemos a dejar dos de los gráficos de confianza anteriores que, puestos juntos, hacen que se entienda todo mucho mejor:

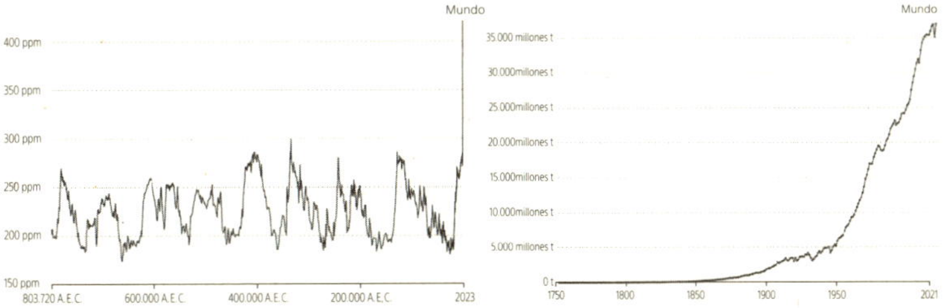

Como la ginebra y la tónica, hay cosas que van mejor juntas.

Pasada la Revolución Industrial dejamos muchas cosas atrás (las máquinas de vapor, los corsés, esas bicicletas con ruedas gigantes chulísimas...), pero, desgraciadamente, no dejamos de quemar combustibles fósiles. Las emisiones de gases de efecto invernadero comienzan a elevarse en esta época, y, como hemos visto en nuestros gráficos de confianza, seguimos y seguimos emitiendo y así se siguen y siguen acumulando los gases en la atmósfera de forma exponencial hasta el día de hoy.

La concentración de estos gases en la atmósfera ha crecido tanto, que ya ha aumentado la temperatura promedio de la superficie terrestre 1,2 °C desde 1750. No ha habido tanto CO_2 acumulado en la atmósfera desde hace 120.000 años. Es tan heavy que existe gente que hasta se ha tatuado el número de las partes por millón (ppm) de CO_2 del año en que nacieron. A nosotras tener este recordatorio permanente en la piel nos da mazo ansiedad porque ya estamos bastante traumatizadas, pero si te mola la idea o simplemente te da curiosidad saber el número del año en que naciste, saca el móvil que te llevamos a una web chulísima donde lo puedes consultar.

Si queremos que estos números dejen de subir, tenemos que eliminar las fuentes que producen estas emisiones. Y si finalmente te tatúas..., etiquétanos o algo, tía.

2. LA CHORRADA DEL PLANETA B

Canción de la *playlist*:
«Beautiful Liar» - Beyoncé & Shakira

Bitter Beats (versión moderna del Negroni)

Ingredientes

- ginebra
- Campari
- vermut rojo

Preparación

Mezcla la ginebra, el Campari y el vermut rojo. Sirve sobre hielo en un vaso bajo. Simple, fácil y chulísima. Como tú.

Este es un cóctel tan amargo como lo que te vamos a contar, pero tiene rollito.

Ahora que ya hemos hecho un repaso de cómo la hemos (y la seguimos) liando parda, seguro que ya conoces las implicaciones que tiene esto y te viene a la mente lo típico de «¡oh, Dios mío, hay que actuar POR EL PLANETA, nos lo estamos cargando!».

O algo similar.

Pues bien. Esto es, para nosotras, una de las peores maneras de plantear este asunto. Y no lo decimos para hacerte sentir mal, de verdad. No es tu culpa. Es culpa de la *comunicación*, y de no comprender del todo conceptos básicos de Conocimiento del Medio.

En nuestra sociedad, parece que hacer algo al compás del medio ambiente es algo que se hace casi de manera altruista. Piénsalo. No debemos talar bosques, pobres arbolitos. Evitamos el plástico para salvar a las tortugas. ¿Cómo no voy a estar en contra de nuevas excavaciones de minería, con lo que se cargan el monte?

La naturaleza se ve como un ente aparte, una entidad a la que debemos cuidar y respetar por ser buenas personas, no porque nosotras mismas seamos naturaleza. Dependemos de ella para nuestra supervivencia. Por ejemplo, el 80 % de las alarmas por brotes y epidemias son de enfermedades zoonóticas (significa que vienen de los animales). Yo no quiero salvar los bosques porque tenga una especial conexión con lo verde, yo quiero salvar los bosques para dejar de destruir ecosistemas que hagan que nos lleguen estas enfermedades. Podríamos decir que cuidar la naturaleza es un acto egoísta.

Esto también se aplica a la emergencia climática. El planeta va a seguir, nosotras no. La Tierra ha estado *vibing* con volcanes, seres unicelulares, dinosaurios... Somos nosotras, la especie humana, las que necesitamos unas condiciones muy concretas para sobrevivir. Por tanto es imprescindible (y quizá sea el punto más importante de este libro) que se entienda de una vez por todas que la crisis climática va de conservar un planeta habitable. Sí, para ti, mi ciela, que nos estás leyendo.

No se nos puede olvidar que la crisis climática es una crisis social. Social, porque nos afecta a las personas, que nos interesa seguir manteniendo este planeta habitable. Vamos, creemos que estaría bien.

Frases como «No hay planeta B» se popularizaron en las pancartas de muchos manifestantes por el clima. Su origen no lo tenemos claro, pero nos gusta pensar que es por el libro de Mike Berners-Lee.[1] La alternativa sería que este señor le hubiera robado la frase a alguien para ponerla de título, que, sinceramente, vaya par de huevazos.

Tiempo después se la apropiaron marcas como ECOALF,[2] organizaciones e incluso convocatorias europeas para fomentar la lucha por la crisis climática como eslogan publicitario y texto de pancarta. Estuvo bien, pero nosotras creemos que ya ha tenido su momento y debe hacer, elegantemente, mutis por el foro. Porque esta famosa frase, traducida a prácticamente todos los idiomas, evita que pongamos la atención en el problema.

Ciela, por si no lo habías pensado..., al planeta le damos igual.

1. Un señor que es profesor y consultor ambiental y ha escrito tres libros, todos sobre la misma mandanga.

2. Marca de moda sostenible que ha convertido este en su *claim* principal.

Te lo juro, tiene una relación de total indiferencia con nosotras. No sabe ni que existimos, está a otro nivel.

Mucho más que Nate pasando de Cassie en la primera temporada de *Euphoria*.[3]

Mucho más que Shizuka pasando del culo de Nobita, y nosotros como este pobre pringado con gafas, que además no para de pedirle cacharros a Doraemon[4] para que le solucione la papeleta y tener una oportunidad.

Exactamente igual que nosotras cuando vamos a buscar nuevos inventos para solucionar el problema. Como cuando el iluminado de turno se dedica a decir que quiere inventar una supertecnología para absorber CO_2. El iluminado de turno fue Elon Musk en 2021 en Twitter, esto es real. No se le ocurrió otra cosa mejor que decir que «donaba 100 millones de dólares a quien inventase la mejor tecnología para capturar carbono». En fin.

Vamos a empezar percatándonos del hecho de que una de las personas más ricas del mundo no ha visto un puñetero árbol en su vida, y, por tanto, no es de extrañar que ignore cómo funciona. Aquí le dejamos un dibujo por si algún día comprara este libro, o por si te encuentras con este tipo de sujeto en un bar.

3. *Euphoria* es un drama de HBO de 2019. Atención, spoiler: ella va detrás de él a tope, hasta que le conquista y terminan teniendo una relación megatóxica.

4. Manga y serie de animación muy popular en España desde 1994, donde Doraemon, un gato cósmico del futuro, comparte habitación con Nobita, un niño que es básicamente un inútil.

Y ya que estamos, presentamos a la señora océano, que lo hace aún mejor.

Perdón. Sigamos.

Esta es una de las únicas veces en tu vida en la que está genial ser egoísta. Chica, no salves el planeta, sálvate a ti. E indirectamente salvarás el planeta, porque, te comento, no podemos vivir en Venus. Y si hay un cohete en el que sí se puede vivir, tipo el de la película *Wall-E*[5]..., dudamos que le quiten su sitio a Elon por ti o por alguna de nosotras, aunque todas sepamos lo que es un árbol, #lavidaesinjusta.

Por eso, repetimos sin cansarnos que esto es una crisis social, que va de personas como tú, como nosotras, y como el señor que se dedica a emitir desde su superempresa petrolera. ¡Que no se nos olvide!

Porque, lamentablemente, el mundo no está dirigido por delfines superinteligentes que nos dicen qué hacer. Y mientras Snorky no quiera hablar hombre (como en *Los Simpson*), vamos mal. Seguimos emitiendo sin establecer grandes medidas, así que todas las emisiones se siguen acumulando en la atmósfera. Se teme que la temperatura de la superficie terrestre siga aumentando, de hecho ya ha subido 1,2 °C de más desde 1750. Sabemos que esto para muchas personas no significa nada. Al fin y al cabo, ¿qué es un grado más o un grado menos? No parece gran cosa —pero lo es—. Si insistimos tanto en que no es solo un tema «del planeta», si no social y económico, es porque los efectos que tiene este gradito sí son gran cosa.

5. Película de Disney-Pixar de 2008 donde los humanos han abandonado la Tierra, después de contaminarla a tope, y viven en naves a la espera de poder volver.

El efecto más conocido es el deshielo de los polos. Las grandes masas de hielo del planeta se derriten como el cubito de hielo de un vermut. Este deshielo provoca que el nivel del mar aumente, potencialmente hundiendo costas e islas, otro de los efectos más conocidos. Pero el deshielo de los polos también trae otras desventajas, quizá menos conocidas, como que nos deja sin la protección del color blanco, que, como la fachada de las casas de tu pueblo, refleja el calor del sol y evita que el océano lo absorba (cosa que, sin hielo, pasará cada vez más, haciendo que el océano solo absorba calor y CO_2, lo que sería bueno si no lo dejase superácido, lo que acabará con todos los corales). O como el problema que más miedo nos da: el deshielo del permafrost, ese suelo congelado que alberga verdaderos horrores del pasado, tales como bacterias y virus, a los que nunca hemos sido expuestas y que es mucho mejor que no salgan.

Aunque, ciela, estos no son los únicos impactos del calentamiento de la superficie terrestre. Estas unidades de grado de más son las causantes de verdaderas desgracias en cadena que ríete tú de la peli *El día de mañana*: inundaciones, incendios, huracanes extremos, sequías (hola, embalses sin agua), enfermedades... La lista es interminable. Al igual que son interminables las injusticias cuando las cosas se ponen chungas. Como siempre, las personas más vulnerables (pobres, enfermos, niños, mujeres) son las que peor lo pasarán —y lo están pasando— con los impactos climáticos. Volvemos a insistir: esto es una crisis social. No va de cuidar al planeta, va de cuidarnos entre nosotras.

Y también va de *diners*. La crisis climática es una crisis económica. ¿Tú sabes cuánto cuesta un fenómeno climático extremo, como una sequía? 20.000 millones de dólares. O, al menos, eso fue lo que costó la sequía del 2022 en Europa. ¿Un tornado? Hasta más de 4.300 millones de dólares. ¿Una inundación? Más de 5.600 millones de dólares.[6] Piénsalo: se pierden recursos, cosechas, se intensifica la atención sanitaria, se consumen más energía y recursos en el posdestrozo... Es que lidiar con los fenómenos climáticos extremos es carísimo. ¡Imagina todo lo que hay que fregar después de una inundación! Según un estudio publicado a finales de 2021 en la revista *Environmental Research Letters*, el coste económico de la crisis climática será seis veces superior a lo proyectado hasta ahora. Al parecer, la mayoría de las estimaciones hasta la fecha no contaban con que los incendios, las inundaciones y las sequías afectaban al crecimiento económico, cuando se ha visto que sí. De hecho, el estudio estima que el PIB mundial podría reducirse alrededor de un 37 % este siglo (no es que nosotras sepamos qué significa, pero al parecer es una burrada).

Está demostradísimo: no actuar contra la crisis climática sale más caro que actuar. No actuar contra la crisis climática es un atentado social. Y debería importarnos a todas.

6. Christian Aid, «Counting The Cost 2022: A year of climate breakdown», <https://www.christianaid.org.uk/resources/our-work/counting-cost-2022-year-climate-breakdown>.

¿Cómo no me he enterado yo de esto? Pues porque se ha contado como el orto, ciela. Te lo explicamos.

3. ELLAS LO SABÍAN

Canción de la *playlist*:
«Traitor» - Olivia Rodrigo

Revenge martini (versión moderna del vodka martini)

Ingredientes

- vodka
- vermut seco
- *twist* de limón

Preparación

Agita el vodka y el vermut seco en una coctelera con hielo. Sirve en una copa y decora con un *twist* de limón (es el pirindolo ese en espiral hecho con la cáscara; cuidado, no te dejes la mano).

Es la copa perfecta para tirarle a alguien a la cara cuando te enteras de que te ha traicionado, y después te pides otra para planear tu venganza.

Vamos al lío, que se vienen cositas.

La mayor confabulación de la historia, en la que se oculta la crisis más brutal y abrumadora a la que se enfrenta la humanidad.

Da casi tanto miedo como un país entero donde los adultos se unen para crear un complot (incluyen al Gobierno y dinero público), algunas marcas y organizaciones se suman, montan desfiles, campañas, películas y cualquier cosa que se te ocurra. ¿Y todo para qué? Para hacerles creer a los pobres niños que tres viejos de Oriente les van a traer regalos, y para ello se tiran el día vigilándolos 24/7, como si fuera un Gran Hermano, por si la lían parda petarda, extorsionarlos. Tremendo.

Mucho antes de cualquier campaña de Greenpeace, las empresas energéticas encargadas de quemar petróleo (y otros combustibles fósiles) estaban al tanto de lo que pasaría si seguían por este camino. Como lo lees. Concretamente, desde el año 1959. O al menos es la fecha más antigua de la que se tiene conocimiento.

Todo empezó gracias a un señor llamado Edward Teller (Teller, que no Cullen, ¡ojalá!), un físico nuclear muy reconocido en el sector. Un día, Teller fue invitado a celebrar el centésimo aniversario del Instituto Americano del Petróleo en un evento lleno de señores. En este sarao, le pedían hablar sobre «patrones de energía del futuro» delante de todos esos señores con reconocidos puestos en el Gobierno, grandes empresas, investigación y otros altos cargos de la industria energética. Sin embargo, como su tocayo Edward Cullen, este Edward no hizo lo que se esperaba de él. A la hora de dar su ponencia, los dejó a todos de piedra declarando que no hablaría de cómo se desarrollaría la energía en el futuro, sino del peligro de seguir quemando combustibles fósiles como fuente de energía. En esta conferencia, Teller advirtió sobre los efectos de la acumulación de CO_2 en la atmósfera y del efecto invernadero, además de los impactos que esto causaría en la Tierra, como el deshielo de los polos y la subida del nivel del mar.

Se desconoce cómo se lo tomó la audiencia, pero sí sabemos que Edward Teller siguió hablando sobre cuánto había aumentado la concentración de CO_2 en la atmósfera en ese momento, y cómo podía seguir aumentando exponencialmente si seguían quemando combustibles fósiles.

Y así fue como, en el centésimo aniversario del Instituto Americano del Petróleo en 1959, los directivos de la industria fueron avisados de la crisis climática. Toma ya.

Aunque lo del efecto invernadero no era algo nuevo. En el siglo XIX, tanto el físico John Tyndall como más adelante Svante Arrhenius, demostraron que el CO_2 era capaz de atrapar el calor infrarrojo del sol, lo que sirvió para que años más tarde se pudiera demostrar el peligro de emitir este gas sin control a la atmósfera. O sea, que desde hace, literalmente, siglos se conoce esta movida, pero lo que sí fue novedad gracias a Edward Teller fue que la industria del petróleo fuera avisada de primera mano sobre los peligros de su actividad, y que estos siguieran como si nada. Ya no tenían excusa, pero decidieron callarse y echar pa'lante.

Al final, la industria del petróleo y nosotras no somos tan distintas. Todas hemos tenido una movida que hemos decidido ignorar hasta que no te queda más remedio que lidiar con ella. Como la amiga que solo habla de sí misma cada vez que quedáis y sabes perfectamente que esta amistad no te lleva a ningún sitio. O poner una lavadora. Llega un momento en que no te quedan más bragas (ni bikinis) y tienes que ponerla, aunque luego te toque tender, que es lo que Car más odia de este mundo. Pues así, años después, a las petroleras les fue imposible seguir ignorando el tema del efecto invernadero.

Una a una llegaron las investigaciones (algunas en secreto, dentro de sus propios equipos de investigación) sobre el efecto de la quema de combustibles fósiles durante las décadas de los setenta y ochenta, y una a una les fueron devolviendo pronósticos nada agradables. Por ejemplo, cuando el propio Instituto Americano del Petróleo en 1968[1] (sí, unos añitos después de la charla de Edward Teller) se la encargó a la Universidad de Stanford, el resultado fue, efectivamente, que se producirían significativos cambios de temperatura en el año 2000 y que, sin duda, los daños podrían ser severos.

La petrolera ExxonMobil invirtió muchísimos dineros en estas investigaciones a raíz de que, en 1978, el asesor científico James Black expusiera el tema ante altos cargos. Esto derivó en más investigaciones para averiguar, principalmente, cuánto CO_2 absorbe el océano, qué parte de las emisiones venían de la deforestación, y entender los modelos climáticos. Era tal el nivel de precisión en estos estudios, que Black llegó a advertir que si se dupli-

1. *The Guardian*, «Oil industry knew of 'serious' climate concerns more than 45 years ago», <https://www.theguardian.com/business/2016/apr/13/climate-change-oil-industry-environment-warning-1968>.

caba el nivel de CO_2 en la atmósfera, se produciría un aumento de la temperatura superficial media de la Tierra entre 2 °C y 3 °C, un punto donde ocurrirían grandes desastres como el deshielo de los glaciares de la Antártida Occidental y el aumento del nivel del mar hasta siete metros. Según Greenpeace, ExxonMobil llegó a dejarse más de 600 millones de dólares en investigaciones climáticas tan solo en el año 1983.

Las petroleras conocían toda la ciencia climática a conciencia. Sabían todo lo que era posible saber en el momento. Se pasaron años investigando, estando al día de la ciencia, invirtiendo muchísimo dinero en adquirir este conocimiento.

¿Por qué entonces hicieron todas estas investigaciones si luego no harían nada por actuar?

Exacto.

Para saber hasta qué punto podían estirar el chicle y tener el suficiente conocimiento para esquivar las regulaciones y desinformar según sus intereses. Porque si hay algo peor que alguien malo, es alguien malo con pasta y conocimientos legales para saltarse la ley a la torera. Si con todo este conocimiento las petroleras hubieran decidido ser parte de la solución e innovar hacia un modelo de negocio basado en renovables, en vez de seguir quemando combustibles fósiles, nos encontraríamos en un punto muy distinto. Pero no, no solo decidieron seguir adelante, sino gastar muchísimo dinero en desinformar a la población. En 2014, la investigación de la ONG Union of Concerned Scientists hizo un listado con las empresas de la industria fósil, que se organizaron para lanzar una megacampaña de comunicación con el único objetivo de generar dudas sobre la crisis climática.[2] Indican que hasta se llegó a decir que «la victoria se alcanzará cuando una persona media tenga dudas ante el cambio climático». Flipas.

No nos sorprende. Se tienen datos de que ExxonMobil fundó grupos negacionistas, gastando más de 30 millones de dólares entre los años 1998 y 2014. Y es que dar dinero a negacionistas climáticos es una actividad muy diversa. No solo puede incluir darle el dinero a gente *random* con papel albal en la cabeza, no. Dar dinero a negacionistas climáticos también incluye a empresarios, periodistas, políticos... ¡Ah, gente influyente que puede cambiar la narrativa en los medios y las acciones en los gobiernos! Si Coca-Cola pudo cambiarle el color a Papá Noel, ¿qué no podrán hacer las grandes empresas?

Desde 2007, ExxonMobil donó (nos encanta eso de que donen el dinero, porque, claro, comprar políticos no está mal si es una «donación») 1,87 millones de dólares a los políticos republicanos del Congreso de Estados Unidos que negaran el cambio climático.

2. Union of Concerned Scientists, «ExxonMobil Foundation & Corporate Giving to Climate Change Denier & Obstructionist Organizations», <https://www.ucsusa.org/sites/default/files/attach/2015/07/ExxonMobil-Climate-Denial-Funding-1998-2014.pdf>.

Escanea este QR para ver todo el complot de ExxonMobil ordenado cronológicamente:

Así, la industria petrolera y del combustible fósil ha ido, año tras año, sembrando la duda como estrategia para desviar la atención y seguir manteniendo su negocio a toda costa. Algo que ya hizo la industria del tabaco con gran éxito, hasta los médicos y los deportistas recomendaban fumar. Lo mejor de todo es que lo recomendaban para tratar dolores de garganta.

Se infiltró tanto la duda en los medios, que el cambio climático parecía un tema debatible. Joder, si hasta a mí, Car, estudiando Ciencias Ambientales en 2014, en una clase me llegaron a poner el documental de Al Gore[3] sobre el cambio climático y, acto seguido, otro que lo desmentía. Realmente como si fuera un debate. Está claro que la ciencia no podía competir contra este *lobby* mediático.

Vamos a dividir a los y las que hablaban del tema en tribus urbanas que nos hemos inventado (así que nadie se ofenda, que aquí estamos de *chill*):

3. *Una verdad incómoda* (*An Inconvenient Truth*), 2006.

- **Científicos locos**. Personas dedicadas a la investigación, a la ciencia, a los datos, que trataron de avisar y frenar a las petroleras, sin mucho éxito, porque saben que la ciencia no es una opinión y que los datos no mienten. También saben lo difícil que es que te publiquen un artículo científico, por lo que se desesperan cuando va el tiktoker de turno a decir que la ciencia está comprada. A ver, José Luis, publicar un artículo científico conlleva un proceso más exhaustivo que el casting de *El diario de Patricia*. ¿Tú crees que las publicaciones en revistas de renombre se compran, con lo que cuesta que te acepten un *paper*? No. Lo que sí se puede hacer es tapar investigaciones, sacar las tuyas propias sin ningún renombre y utilizar mucha publicidad y mucho PR para desviar la atención, como hicieron las petroleras.
- **Ecologistas abraza-árboles**. Han tenido una imagen horrible durante muchísimos años, se han reído de ellos hasta los Simpson (con la mítica frase «Yo soy vegano de nivel 5, no como nada que arroje sombra») y, como buenas personas concienciadas, se suman a cualquier causa que tenga que ver con la Tierra y sus especies. Por eso, cuando saltó la alerta sobre el cambio climático, no costó mucho concienciarlos.
- **Gente de izquierdas**. Este tema no debería estar polarizado, pero es la realidad. Lo que tenga que ver con el medio ambiente parece ser cosa de la izquierda política. Suponemos que por el ángulo

en que se han comunicado (¡salvemos la Tierra!), los intereses económicos, etc. Por tanto, un tema que va del deshielo de los polos y la subida del nivel del mar es algo de hippies que van a evitar hacer *dineros*, no es de derechas. Aun así, hay mucha gente de izquierdas a la que este tema se le hizo y se le hace bola, pero al menos nadie niega la realidad.

A día de hoy, aunque la industria del combustible fósil ya no niegue el cambio climático, sigue gastando millones en publicidad engañosa para mantener su negocio como si ellos no fueran responsables. Imagina lo que hubiéramos conseguido en todo este tiempo con todo ese dinero invertido en acción climática, en vez de gastado en desinformar y quemar más combustibles fósiles. Pero como hemos indicado antes, no frenar la crisis climática sale más caro que frenarla, y todo este dinero invertido para mantener el negocio a flote a corto plazo es dinero malgastado a largo plazo, ya que cada vez les sale más cara esta situación.

¿Qué conclusiones sacamos de todo esto?

1. Ser malo sale rentable solo a corto plazo.
2. ¡La extorsión funciona y mueve el maldito mundo!

Cuando nosotras nos enteramos de que las petroleras lo sabían, sufrimos una regresión a cuando nos dijeron que los Reyes Magos no existían. Pasas por todas las fases:

1. Negación. No aceptamos la realidad. En ese momento todo esto va en contra de la física, literalmente, porque el planeta tiene unos límites y superarlos es imposible. No se puede sacar agua de donde no hay, ni petróleo, ni oxígeno, ni comida, ni nada que se te ocurra.

2. Ira. En esta fase te recomendamos que hagas como la madre de Nené, la amiga de Shin-chan: que cojas el peluche, almohada o cojín más grande que tengas en casa, te vayas a una habitación y lo golpees. Es una emoción: hay que aceptarla, expresarla y dejar que se vaya sin tener que ir a la cárcel en el proceso.

3. Negociación. Esta fase es preciosa. Aquí es cuando intentamos recuperar lo que ya no tenemos: esperanza. Con frases como «pero estarán haciendo algo», «la ciencia avanza», «ahora hay un montón de molinos de viento en la meseta» y demás chorradas que se te ocurran.

4. Depresión. Cuando te das cuenta de que no hay forma de cambiar lo que ha sucedido, y pasas a sentirte vacía, sola y, como Marta Sánchez, «desesperada».

5. Aceptación. Entramos en la fase final. Lo aceptas, miras al futuro y buscas alternativas para seguir adelante. Nosotras montamos Climabar, tú puedes simplemente irte de cañas, que es más fácil.

Y cuando alguien te diga que ves duendecillos de Cornualles con el tema de las petroleras y la mano negra, recuérdale el asunto del tabaco como ejemplo. Que además es bastante más grave, porque es algo que es malo, se sabe perfectamente, pero tenían a gente fumando como sinónimo de salud. En los inicios había anuncios con médicos fumando, luego pasamos a deportistas y después al equivalente de *Bad Boys* y del glamour. La campaña de marketing que ha tenido el tabaco durante décadas, y cómo se ha ido transformando su imagen a lo largo de los años, es un ejemplo genial de cómo hacer las cosas bien, y además para un producto que literalmente mata, pero más de andar por casa.

4. TODOS SOMOS COMPIS EN UN PISO LLAMADO TIERRA

Canción de la *playlist*:
«Linda» - Tokischa & Rosalía

Co-hating (versión moderna del mojito)

Ingredientes

- ron blanco
- lima
- hierbabuena (aunque también vale menta)
- azúcar
- hielo picado

Preparación

Primero pones el azúcar en el fondo del vaso. Luego la hierbabuena o menta, que puede ir entera con el tallo o solo las hojas. Después se vierte el zumo de la lima y, si te sientes *fancy*, puedes diluir el zumo con el azúcar. Añade los trozos de lima en el fondo, vierte el ron y llena el vaso con hielo picado. Aquí normalmente se rellenaría el cóctel con soda hasta completar, pero en esta versión moderna está permitido volverse un poco loca y poner (o no) la cantidad de soda que consideres.

Si la calle Desengaño fuera la Vía Láctea y el número 21 fuera la Tierra, todos seríamos vecinos. Y todos tendríamos que aprobar derramas para poner placas solares o cambiarnos a una energética verde. Pues el planeta es igual, solo que a una escala enorme y con mucha más gente metiéndose mano en el cuarto de contadores.

Tú vives aquí. Que estés de paso no significa que tengas que dejar una huella horrible. Y la Tierra no te está pidiendo que la salves, ella sola se basta y se sobra. Solo te pide que no la jodas. Que en el tiempo que pases tú consciente por aquí no le hagas la vida más difícil al resto del mundo. Y a ti.

Porque la naturaleza y el planeta pueden vivir perfectamente sin nosotras, pero nosotras no tenemos nada que hacer sin ellas. Que seamos medio listas no quiere decir que seamos menos naturaleza que cuando vivíamos en cuevas pintando bisontes. Es curioso ver que ahora el ser humano no se identifica como una especie más de las que integran el planeta Tierra. Antes parecía que lo teníamos claro, ahora nos sentimos totalmente desvinculados de algo sin lo que no podemos subsistir. De locos. Es un pensamiento casi suicida. Es como que tenemos ganas de extinguirnos. Nos estamos esforzando un montón por conseguirlo, y amiga, date cuenta, que en esta vida no hay nada más peligroso que un tonto motivado.

Los humanos *versus* un terco deseo de muerte. ¿Quién ganará?

A nosotras nos parece superraro que sigamos tan desconectados después de la tralla que nos han metido desde niños, sobre todo con el cine:

- *Pocahontas*. Por favor, escuchad la letra de la banda sonora, es que es literalmente lo-mis-mo, el mismo error en bucle. Podéis poner este trozo de canción en un millón de momentos diferentes de la historia de la humanidad y funciona.

  Te crees que es tuyo todo lo que pisas.
  Te adueñas de la tierra que tú ves.
  Mas cada árbol, roca y criatura
  tiene vida, tiene alma, es un ser.
  Parece que no existen más personas
  que aquellas que son igual que tú.

- Lo siguiente no lo ponemos porque empieza a decir que si sigues las pisadas de un extraño verás cosas que jamás soñaste ver. Y eso puede pasar..., pero de un modo negativo.
- *El rey león*. «El ciclo sin fin». Tres cuartos de lo mismo. Cuando Simba es un cachorro, Mufasa le explica que cuando ellos la palmen van a pasar a ser abono para la tierra y los antílopes se lo comerán. Simba esa noche no durmió, y le vino genial como cura de humildad.
- *Avatar*. Bueno, esta es un poco «trampa» porque es como *Pocahontas*, pero con naves espaciales.
- *Wall-E*. Una hora y treinta y ocho minutos de película solo para salvar UNA PLANTA. Cosa que, sí, a veces es complicada, y si no ¿qué te pasa a ti con los cactus?
- *Lorax. En busca de la trúfula perdida*. Es básicamente un ecologista de tomo y lomo que habla literalmente con y por los árboles.

- *Vecinos invasores*. Los humanos se vuelven okupas del hábitat de los animalillos del bosque con cómicas consecuencias, pero solo para un lado, porque los animalitos se quedan sin casa.
- *Buscando a Nemo*. Un pequeño apunte: a Nemo lo están buscando porque a Nemo se lo llevan. No se va de Erasmus. Es más bien «de-secuestrando» a Nemo.

Y como estas hay mil películas. Pero vamos a hablar de nuestra preferida, porque engloba un poco el mensaje de todas: *La princesa Mononok*e.

La princesa Mononoke es una película de 1997 del Studio Ghibli, donde sus creadores casi se vuelven locos para terminarla. Apunte: no os penséis que es de niños solo porque sea de dibujos, es el error que cometen muchos. Creednos. Para nosotras, en la película hay tres protagonistas humanos:

- Tía chulísima 1: la princesa Mononoke.
- Tía chulísima 2: la lady Eboshi.
- Tío chulísimo 3: el Ashitaka.

La princesa Mononoke

Vive de *chill* en el bosque, con los animales, sus lobos, corriendo ahí salvaje. Minipunto por ser la Shakira/Greta de la montaña.

Si esta película la hubiese hecho Netflix en 2023, Mononoke se llamaría Martina y sería una chica que empieza en un grupo tipo Extinction Rebellion o Fridays for Future. Esta tía es una loba y el planeta es su armario.

La lady Eboshi

Modo empresaria de éxito, ha plantado la Ciudad del Hierro justo enfrente del bosque, se dedica a extraer minerales, da trabajo a exprostitutas y leprosos (lamentablemente no son exleprosos) que usan el mineral para crear armas que luego venden. Más un minipunto por ser emprendedora y dar trabajo a minorías. Menos un minipunto por explotar los recursos naturales a lo bestia, sin ni un pelín de *research*.

En su versión de Netflix sería Elon Musk, probablemente, pereza. Dueño de una supercorporación que se está cargando el planeta. Sin duda, un auténtico visionario, pero solo en su cabeza.

Básicamente estas dos divas (Shakira y lady Elon) están a leches por el control del bosque y los recursos naturales, pero no nos olvidemos del otro prota, el tío chulísimo:

El Ashitaka

El pobre estaba a su movida y se ve envuelto en este drama cuando un jabalí «endemoniado» por una de las «balas de los hombres» le ataca en el minuto cinco de la película. Entonces le contagia una maldición al chiquillo (y probablemente la rabia) y este tiene que huir de su comarca para ver cómo romper dicha maldición.

En la versión de Netflix se llama Carlos, emigró desde La Manga, Murcia, para estudiar ADE en Madrid y ahora está en unas prácticas no remuneradas en una consultora que trabaja para la supercorporación de lady Elon. Carlos es una consecuencia más del sistema.

Ánimo, Carlos.

En este ecosistema tan bonito de ambientalismo mágico, vemos varios puntos superinteresantes para el tiempo en el que vivimos:

1. La innovación y la sostenibilidad tienen que ser amigas.
2. El progreso no es progreso si no va de la mano de la coexistencia.
3. Si no es sostenible social, ambiental y económicamente, no tiene ningún sentido, y se convierte en pasos para atrás.

Con tremendas obras maestras como esta, es difícil creer que no nos calara el mensaje desde peques. Entonces ¿en qué punto exactamente lo perdimos por el camino?

Suponemos que es porque la mayoría vivimos en ciudades muy desconectadas del tema, y la naturaleza es casi como un mundo de fantasía. No necesitamos buscar nada directamente en el mundo natural para subsistir, tenemos todo lo que necesitamos a nuestro alcance en las tiendas y la World Wide Web. Lo natural se convierte en pasatiempo, en ocio. Como un decorado de nuestra vida, sin ser parte de ella. Se convierte en un *hobby*, no en algo necesario para vivir.

Si nos pusiéramos en el plan que se ponen algunos tíos cuando les dices que te gusta una banda de rock: «A ver, dime tres canciones de ese grupo» (mentecato, dime tú tres canciones de la Rosalía o la Taylor Swift, y no me vale ni «Bizcochito» ni «Shake it off»), pero preguntándote de dónde viene el papel del libro que ahora mismo estás leyendo, no sabrías responder. Y nosotras tampoco. Momento confesión: sinceramente, no tenemos ni la más remota idea de dónde vienen las cosas que consumimos.

Uno de nuestros mayores *peak moments* fue en el supermercado. Belén estaba haciendo la compra para preparar sus táperes de la semana (o buscando vermut para beber en su salón antes de salir) cuando llegó al pasillo de las leches. Ahí fue cuando le surgió una duda y llamó a Car (que es algo que Belén hace mucho, llamar aleatoriamente a gente cuando le surgen dudas, porque Google para qué):

—Car, para dar leche..., ¿las vacas tienen que haber estado embarazadas?

—Claro, Belén, las vacas son mamíferos. Producen leche para alimentar a sus crías.

—Entonces... si las vacas de las que sacamos leche han estado embarazadas..., ¿qué se hace con sus crías?

—...

—...

—Las matan, Belén.

—...

—Nos las comemos.

—¿¡Que QUÉ!?

Conclusión: ese día Belén no se llevó leche del súper.

A lo mejor hay gente a la que esta duda le parece muy obvia, y se pregunta cómo es que Belén tiene una formación universitaria, pero este tipo de dudas son más comunes de lo que parece.

Es curioso que tu cerebro decida recordar todas las letras del disco *Un verano sin ti* de Bad Bunny en vez de las lecciones de Biología de primaria.

Y todas estas dudas y preguntas esconden un gran trasfondo. Por un lado, que, efectivamente, no tenemos ni idea de dónde ni de cómo nos llegan las cosas que consumimos. Lo cual es bastante preocupante y a las empresas les viene genial. Por otro lado, nos hemos tragado mentiras de la industria (las vacas lecheras felices pastando en el prado) para continuar el negocio. Y, finalmente, que, aunque sepamos que son mentira, seguimos con nuestra vida porque el sistema en el que vivimos se sustenta de un montón de cosas horribles, y el mundo está lleno de cosas horribles..., pero necesitamos llegar a fin de mes teniendo el mínimo posible de *mental breakdowns*. Bueno, esto es un melón que abriremos más adelante. Ahora lo que queremos resaltar es que nos hemos desnaturalizado completamente. Y no solo con el tema del consumo, también con la salud. Hemos olvidado la conexión que tiene nuestro bienestar con la naturaleza. Y no solo nos referimos a lo bien que nos hace sentir pasar tiempo al aire libre, respirando aire sin contaminar.

Durante la pandemia, mucha gente creía que se había liado parda porque alguien había decidido hacerse una sopa con un murciélago. O un pangolín. O algún animal así exótico, pillas la idea. Otras personas sostenían que todo era un complot del gobierno chino soltando «por accidente» un virus letal de un laboratorio. Incluso personas menos conspiranoicas no creían que esto hubiera pasado por accidente, sin complot. Nos imaginamos cualquier historia descabellada antes que la realidad: las pandemias son un resultado de la destrucción de la naturaleza.

Esto no lo inventamos nosotras, lo dicen la ONU y la Organización Mundial de la Salud.[1] Dicen que hemos estado ignorando la realidad durante años, que ya nos venían avisando de que acabar con los ecosistemas naturales iba a salir caro. Virus como el de la COVID-19, el zika, el VIH o el del ébola se originaron desde poblaciones animales que acabaron entrando en contacto con humanos. Este fenómeno se llama zoonosis, y actualmente representa el 80 % de las alarmas por brotes y epidemias.

Cuando ejercemos presión sobre los ecosistemas naturales, entramos en ellos y los hacemos cada vez más

1. *The Guardian*, «Pandemics result from destruction of nature, say UN and WHO», <https://www.theguardian.com/world/2020/jun/17/pandemics-destruction-nature-un-who-legislation-trade-green-recovery>.

pequeños para nuestro mundo globalizado (extraer recursos, construir...), entramos en contacto con movidas que es mejor dejar a su rollo. Volvamos a *La princesa Mononoke*. Ahí hay una serie de seres que viven a su rollo, como los habitantes del bosque, en paz, con sus movidas y su equilibrio natural. Luego llegan los humanos a meterse donde no los llaman, como lady Eboshi, a destruir el entorno para extraer recursos y construir sus historias de la Ciudad de Hierro. En la película no sucede, pero lady Eboshi y su *crew* podrían haber entrado perfectamente en contacto con alguna enfermedad del bosque que es inofensiva para sus habitantes, pero terrible para agentes externos. Básicamente, porque nunca tenían que haber entrado ahí en un primer lugar. El bosque no estaba diseñado para la presencia de los humanos (excepto la de San, la princesa Mononoke, que nació y creció ahí).

Esto es un poco lo que pasa en los ecosistemas naturales que nos empeñamos en destruir. Entramos en contacto con enfermedades a las que nunca nos hemos expuesto, acabamos con el hábitat natural de los transmisores de las enfermedades y al buscar un nuevo hogar acaban entrando en contacto con nosotros (imagina un mosquito), o nuestro ganado entra a pastar donde antes había una jungla y nos acaba contagiando en cadena.

En realidad, la Tierra funciona como un coño.

Y tienes que tratarla como un coño.

¿Qué pasa cuando entran cosas que no deberían estar ahí?

Que la flora que vive en el coño se vuelve loca y empieza a hacer cosas raras. Pues lo mismo pasa con las personas.

Así que trata al planeta como tratarías a tu coño.

Creemos que no hay película sobre esto, pero debería (¡patente en trámite!). Si luego funcionaría o no, no lo sabemos. Lo que sí sabemos es que la cultura tiene un papel fundamental para transmitir mensajes tan importantes como este: que la naturaleza no es un ente aparte. Somos naturaleza. E ir contra ella, es ir contra nosotras mismas.

Este es el mensaje que debemos tener todas claro desde el principio, y donde creemos que se sigue tropezando. Llevamos años viendo mensajes con el foco puesto en cuidar la naturaleza, las especies, el planeta... Asumiendo que las personas a las que se transmite este mensaje están conectadas con la naturaleza, cuando ya hemos visto que no es así en la mayoría de los casos. Mientras luchamos para que el mundo cambie el chip, quizá haya que buscar otra manera de llegar a la gente, con un discurso con el que empatice de verdad.

5. LA MALDITA BURBUJA VERDE

Canción de la *playlist*:
«Un año sin lluvia» - Selena Gómez

Burbuja de agave (versión moderna de la paloma mexicana)

Ingredientes

- tequila, jugo de lima
- agua con gas
- menta fresca

Preparación

En un vaso con hielo, mezcla el tequila y el jugo de lima. Agrega unas hojas de menta fresca y remueve suavemente. Completa con agua con gas y revuelve otra vez. Decora con una rodaja de lima. ¡Y a disfrutar reventando burbujas!

Qué coño es la burbuja verde, te preguntarás. ¿Un grupo activista? ¿Un montón de científicos? ¿Una ONG? ¿Una secta?

La respuesta es: todas las anteriores.

La burbuja verde es un término que utilizamos nosotras para aunar a ese colectivo de personitas ya concienciadas con las movidas verdes. Comúnmente llamados ambientalistas, ecologistas, hippies, abraza-árboles, etc.

Quizá tú también formas parte de la burbuja verde y empatizas con estos términos, hasta se han podido referir a ti de estas maneras. Las personas que forman parte de la burbuja verde son agentes de cambio, son conscientes de la movida que se nos echa encima, y quieren cambiar el mundo. Son básicamente personas traumatizadas y frustradas. La verdad es que se vive mucho más feliz siendo ajeno a todo el desastre ambiental y climático.

Car se unió a este colectivo siendo muy joven. Podría decirse que fue adoctrinada desde muy temprana edad, tan pronto como comenzó a leer. Esto sería *cute*, si no hubiera sido de manera totalmente involuntaria. Viendo el interés que le despertaban a mini-Car las películas Disney de animalitos, como *Tarzán*, su familia decidió que era una buenísima idea suscribirla a *Pandilla*, la revista infantil de la ONG World Wildlife Fund (WWF), y ponerle en bucle todos los documentales de naturaleza que existían. Lo que empezó como una manera buenísima de tener a mini-Car entretenida para que dejara de dar el coñazo a sus padres durante un rato se convirtió en el comienzo del fin. Una serie de traumáticas desdichas.

Porque en este contenido no solo te enseñaban animalitos cuquis haciendo cosas de animalitos cuquis (y no tan cuquis), sino que también te enseñaban cómo los humanos nos estábamos cargando el mundo. Con no más de seis añitos, mini-Car ya era consciente de la sobrepesca, la caza ilegal, los derrames de petróleo, la deforestación, la pérdida de biodiversidad... Lo que debía haber sido un mero entretenimiento más, como *Los Thornberrys*, acabó siendo un trauma que definitivamente marcó su vida, y su carrera. Así fue como Car entró sin quererlo en la burbuja verde de gente concienciada y traumatizada por el planeta.

El caso de mini-Belén fue un poco distinto. La experiencia de Belén se podría decir que es más la de una niña promedio creciendo en Madrid, donde su contacto más realista con el ecologismo es tratando de que el hámster ruso de turno sobreviva. Belén era el perfil de la típica niña a la que le gustaban los animales, que da la turra durante dos años diciendo que quiere ser veterinaria hasta que su prima le jura y le perjura que entonces tendrá que meterle la mano sin guante por el culo a las vacas para ver si están preñadas. El «sin guante» es importante, porque fue el dato que terminó de truncar su sueño.

En conclusión, Belén es el perfil de persona a quien le parece que la naturaleza está OK. No te sientes parte de ella como tal, pero tampoco te molesta, te molan tus colegas del bosque, pero todo de *chill*.

Belén se hace mayor y, como todos, cuando te haces mayor dejas atrás sueños como el de ser pediatra de animales. Bien porque descubres que todas las carreras de ciencias tienen matemáticas, o bien por otras razones. Pero tarde o temprano se hace ese corte y se pasa de niña medio salvaje asilvestrada —que se mancha, tiene el peto reventado, con parches de Pikachu en las rodillas, y que siente más o menos algún tipo de conexión con la Pachamama por ir a guarrear al parque, bosque o monte— a una niña medio con el pavo a la que le interesa más aprenderse los pasos de «Aserejé». Y ese fue el caso de Belén, que no vio una ruta en la que las ideas se conectaran, que a nadie se le ocurrió hacer el link y decirle: «Igual que en *Pokémon* hay que proteger a todos los pokémons, tú eres un animal más y tienes que preocuparte de proteger la biodiversidad del planeta. Es más, busca la diferencia entre un Eevee y un perro».

No hay.

Literalmente es un perro.

Años después, Belén se enteró de que en una de las últimas entregas de *Pokémon*[1] dejan claro que los humanos descendemos de los pokémons, lo que en consecuencia nos convertiría a todos en pokémons, vaya. Es un concepto totalmente revolucionario, «los humanos solo somos animales», llevado al *mainstream* y a una serie de niños tan alegremente.

Sus universos no colapsaron. No era Marvel. Por suerte (o por desgracia para mini-Belén), mini-Car y mini-Belén se hicieron amigas desde los tres años, y siguen siéndolo hasta ahora, por lo que Belén acabó contagiándose de los ecotraumas de Car. Porque esto es lo que intentan las personas pertenecientes a la burbuja verde: que te unas a su secta. Que te traumatices igual que ellas, siendo consciente de las movidas turbias de las personas ha-

1. Aclaramos que estamos super en contra de los combates de pokémons y creemos que deberían dejarles hacer batallas de baile, o si no la serie debería derivar a otro entorno en el que los bichillos pudieran decidir qué hacer con su vida.

cia el planeta, y, de esta manera, te conviertas en un agente del cambio.

Pero no todo el mundo es una Car/persona perteneciente a la burbuja verde o tiene una Car/persona perteneciente a la burbuja verde en su vida. Y, por tanto, no todo el mundo es tan consciente de la movida climática.

Hemos investigado el top 5 de razones por las que las personas se empiezan a concienciar por la crisis climática:

- **La evidencia científica.** La ciencia ha avanzado. Ha quedado claro (para casi todos) que el cambio climático es real y que es bastante grave.

- **Eventos climáticos extremos.** La crisis climática provoca que los fenómenos climáticos extremos, como las olas de calor, las sequías, las inundaciones, etc., ocurran con mayor frecuencia y sean mucho más intensos por todo el mundo.

- **Cambios en el estilo de vida y el consumo.** La gente empieza a hacer cambios en su estilo de vida y su consumo para reducir su impacto en el planeta. Y eso desencadena en que investiguen más y poco a poco se vayan traumatizando.

- **El futuro de sus hijos.** Muchas personas quieren dejarles a sus hijos el mundo lo menos jodido posible. Evitar las guerras por el agua, ya sabes.

- **Campañas de concienciación pública.** Las campañas de educación e información, que pueden ir desde una de Greenpeace hasta otra de tu ayuntamiento sobre coger el transporte público.

Y estas son las razones más comunes por las que la burbuja verde ha pretendido que te concienciaras, basadas en las campañas de concienciación:

¿Quién ha visto un oso polar en su vida? En fin, ya volveremos a ello...

Razón por la que todo el mundo se concienciaría:

Que no, que es broma. Bueno, quizá no tanto. El tema es que desde la burbuja verde se trata de concienciar con las cosas que le preocupan a la burbuja verde. Si a mí me importan los animales, soy consciente del daño a la naturaleza y empatizo con la causa, por lo que voy a empatizar con este tipo de campañas. Pero si no tengo esa empatía *de verdad* dentro, me puede dar pena y parecer importante, claro que sí, pero también hay mil cosas en el mundo que son importantes y no empatizo con todas ellas. Es como si un *cryptobro* trata de convencerte para invertir en su historia. Si no te flipa el mundo *crypto*, vas a pasar mazo. Pues igual.

Esta manera de crear campañas para movilizar a la población es un problema para las causas verdes, y también para la crisis climática. Como la emergencia climática se ha tratado como una causa verde más, se intentó concienciar usando las mismas técnicas que para las campañas contra el plástico o la deforestación. Es verdad que son causas interrelacionadas, pero la crisis climática es mucho más transversal, y no solo es verde.

6. LA CRISIS CLIMÁTICA ES TU CULPA

Canción de la *playlist*:
«Anti-Hero» - Taylor Swift

Vegan-Russian (versión moderna del White Russian)

Ingredientes:

- vodka
- licor de café
- leche de almendras

Preparación

Mezcla vodka, licor de café y leche de almendras. Sirve en un vaso con mucho hielo mientras gritas y te cagas en la tendencia de ponerle el peso a los individuos, con tu bata a lo Lebowski.

Si hay alguien a quien debemos culpar máximamente de la crisis climática, son las petroleras. Y sus cómplices. Y sus *lobbies*. Eso ya lo tenemos todas claro. Las petroleras y sus colegas, aun sabiendo que provocarían la crisis climática, decidieron unirse y aunar esfuerzos para hacer algo más productivo: taparlo todo y desviar la atención con una contranarrativa perfecta de desinformación y desprestigio a la comunidad científica y los hippies.

A pesar de ello, existe una narrativa global, una perspectiva generalizada, un modo de pensar supertóxico que nos hace creer que, al parecer, la crisis climática es por nuestra culpa. La de las personas de a pie. Personas que, como tú y como yo, cogemos el transporte público y nos preparamos un táper para ir trabajar al día siguiente. O incluso personas de toda una generación que han nacido ya con este pastel heredado, este regalo de las petroleras, y cuya huella de carbono se basa literalmente en existir.

Esto no es casualidad. Sí, es otro complot más de nuestro mundo. Otra secta en la que Tamayo (@tamayostuff) podría infiltrarse. Las petroleras quieren que nos sintamos culpables. Les interesa que retocemos en nuestra culpa, que no podamos dormir pensando en si esa noche hemos cerrado el grifo al lavarnos los dientes o no, en si ese tomate que hemos pillado para hacernos una tostada venía de Perú o de Almería.

El mito de la responsabilidad individual lleva años circulando, y lo llamamos «mito» porque es toda una estrategia. Culpabilizar a los consumidores era el plan perfecto una vez que se descubrió el pastel de la desinformación. «Sí, OK, sabíamos de esta movida y tal, pero... ¿tú qué usas para calentar tu casa, lista?». Como habitantes de un mundo dominado por los combustibles fósiles, los consumidores no es que tuviéramos muchas más opciones, y nos tragamos toda la campaña de comunicación empleada para culpabilizarnos.

En 2008, un anuncio de la petrolera ExxonMobil decía «para el 2030, la demanda global de energía aumentará un 30 % del nivel actual... Con lo que el petróleo y el gas deberán cumplir con las necesidades energéticas del mundo»[1], mientras que un anuncio anterior en 2007 ofrecía a los consumidores recomendaciones para un uso inteligente de la electricidad, para calentar y enfriar nuestras casas de manera eficiente, cuidando las emisiones de gases de efecto invernadero provenientes del hogar usando su calculadora. Una petrolera dando una puta calculadora de emisiones. Para nuestras casas. *Groundbreaking*.

No se quedaron ahí. Hace muy poquito, en 2019, British Petroleum (BP) tuvo el VALOR de promocionar su calculadora de huella de carbono para que pudiéramos saber cuál era nuestro grado de emisiones. Y te invitaban a hacerlo en un simpático tuit, a lo que un ser de luz respondió:

«Yo me comprometo a no tirar 4,9 millones de barriles de petróleo al golfo de México, para reducir mi huella de carbono».

¿Y qué vas a hacer tú, BP?

Simplemente brillante.

El tema es más chungo de lo que imaginas. No solo han construido una narrativa sin fisuras, sino que se han

1. *Mashable*, «How ExxonMobil cleverly blames YOU for climate change», <https://mashable.com/article/exxonmobil-climate-change-propaganda>.

popularizado términos muy científicos para culpabilizarnos con peso. El propio término «huella de carbono» fue popularizado por la misma petrolera BP en una campaña de publicidad del 2004, cuando reunió a los mejores publicistas de la agencia Ogilvy & Mathe para promover que el cambio climático no era culpa de la industria, si no del individuo. Así, crearon la famosa calculadora para que las personas viéramos lo que contaminaban nuestras acciones del día a día. Bien de ansiedad, para que no se te olvide que tú eres el culpable de todo, pequeña flor.

Lo peor de todo es que este tipo de propaganda ha resultado ser superefectivo. En los debates públicos y políticos para ponerle solución a la crisis climática, el foco pasa de los combustibles fósiles y las corporaciones a los individuos, y en cómo podemos reducir nuestro impacto personal. Lo que precisamente mucho no va a conseguir, siendo sinceras. Reducir el impacto de la población general como tal llega hasta cierto punto. Pero de esto hablaremos más adelante.

La propaganda más efectiva, según Michael Parenti,[2] es aquella que se apoya en el encuadre y no en la falsedad. Y este encuadre no es mentira, desde luego que tenemos una huella en el planeta por el simple hecho de existir, pero ¿acaso es el foco que necesitamos?, ¿o es el que necesitan las petroleras y las corporaciones para seguir enriqueciéndose a costa de un planeta habitable? Todo como siempre es cuestión de perspectiva y de cuá-

2. Michael Parenti, *America Besieged*, San Francisco, City Lights Books, 1998.

les sean tus prioridades. Como en la serie *Friends* cuando Ross y Rachel estaban «tomándose un descanso», él dice que sí, ella dice que no. Pero hay cosas con las que no se puede luchar, igual que tu huella de carbono no es comparable con la de una petrolera; Ross es un personaje muy tóxico.

ExxonMobil, que ganó más de 55.700 millones de dólares en 2022 (32.700 millones de dólares más que en 2021),[3] sigue promoviendo ideas alrededor de «la demanda de energía», como en un tuit citando a su CEO, Darren Woods, que ensalzaba la importancia del gas para impulsar economías en desarrollo: «A medida que crece esa economía, a medida que mejora la vida de las personas, verá un mayor consumo de energía y, obviamente, el gas va a jugar un papel clave en eso».

Es un encuadre muy sutil. Y ese es el punto.

Han pasado de la desinformación a las falsas soluciones y culpabilizar a la peña. Y así siguen a día de hoy. Por eso es tan importante la divulgación climática, y que seamos conscientes de las estrategias que juegan en nuestra contra. Cambian la dirección del foco para desviar nuestra atención de quienes verdaderamente tienen capacidad y responsabilidad de hacer un cambio real. Esta externalización de responsabilidad permite que se desvinculen de su rol en la crisis climática, y minimiza el papel de la litigación climática, la regularización, y el ac-

3. «ExxonMobil announces full-year 2022 results», <https://corporate.exxonmobil.com/news/news-releases/2023/0131_exxonmobil-announces-full-year-2022-results>.

tivismo. Nos recuerda un poco al mito de la meritocracia. Porque sí, la meritocracia es un mito. No existe. Y el capitalismo / sistema / orden reptiliano mundial nos hace creer que si no llegamos a cumplir nuestros sueños es porque no nos hemos esforzado lo suficiente, culpabilizándonos a nosotras en vez de poner el foco en los trabajos precarios, los alquileres abusivos, la falta de inversión en infraestructuras públicas, etc.

Hemos observado que flagelarnos a nosotras mismas también tiene otro efecto, totalmente favorecedor para la industria petrolera: el *hate* ambiental. El *beef* que se crea cuando las acciones de alguien no son coherentes con su pensamiento. Ocurre también entre los propios ambientalistas. Es esa exigencia por ser perfectas y estar 100 % alineadas con nuestros valores, y si no, aunque estés al 99,9 %, parece que todo lo demás no sirve de nada.

También se ha llamado a este concepto *greenshaming*, cuando sientes que no eres lo suficientemente verde. Y te empieza a dar palo hablar de algunos temas. Seguro que te ha pasado. En cuanto manifiestas en voz alta algún tipo de valor «eco», ya está la persona lista de turno buscando un fallo. Si te preocupa la crisis climática, pero viajas en avión, te van a señalar. Si eres activista, pero no sigues una dieta vegetariana o vegana, acuéstate. Si eres vegana o vegetariana, pero te has comprado unas bragas, a morir, mejor vuelve a comer solomillos, porque eres inútil.

Fíjate, todos los medios atentos a Greta Thunberg, a ver cuándo la «cagaba» para echarse encima. Joder, que la pobre chica no va a poder hacer un botellón en su vida, porque como la cague lo más mínimo ahí estarán. Muchas veces parece que por ser activista, pronunciarte o intentar hacer bien las cosas ya te estás autodeclarando una persona perfecta, sin ano, sin huella de carbono y que solo expulsa purpurina biodegradable a la atmósfera.

Con este panorama, ¿quién va a querer unirse a la lucha climática? Qué coñazo, si no te dejan en paz. Están todo el día señalándote y tienes que ir con muchísimo cuidado de no «cagarla» con tus acciones viviendo bajo una estructura en la que, inevitablemente, la vas a «cagar».

Vaya, no será esto justo lo que buscan las petroleras... Frenar la acción colectiva.

Que seamos cien por cien perfectos. No tener ano.

Pues no, perdona, no me pongas a mí la responsabilidad y la presión, que nos conocemos.

El *greenshaming* es el *bullying* de las petroleras pintado de otro color.

Porque de ser una petrolera o un billonario a ser Greta Thunberg hay muchísimos niveles. También los hay de ser un superactivista con ecoansidad y pasarlo fatal a tu tío Manolo, que no solo no ayuda y no hace absolutamente nada, sino que además juzga y comenta. (Queremos a los Manolos, siempre hay un Manolo presente en la vida de todas. Pero, Manolos, dejad de joder, que no os habéis molestado en mirar vuestra huella de carbono, vuestro coche, comida, lo que sea... en vuestra vida).

A nosotras, sin embargo, se nos da genial flagelarnos por dos cosas:

1. Somos mujeres, y el acto de la *culpasión* viene de serie.
2. Fuimos a un colegio de monjas (por mi culpa, por mi culpa, por mi gran culpa...).

Pero nos funciona mucho la alternativa de venirnos arriba, motivarnos y alegrarnos con todas las cosas que podemos hacer, pero eso es spoiler. Así que lo dejamos para más adelante.

Encima, intentas igualmente hacerlo lo mejor posible y tienes que seguir sorteando la bala de las estrategias de *greenwashing*. Hoy en día están por todos lados y es prácticamente misión imposible no caer en alguna. Otra estrategia más de la industria para favorecer su negocio aprovechándose de esos consumidores que sienten culpa e intentan hacer las cosas bien.

El *greenwashing*, también conocido como «lavado verde», es una práctica por desgracia muy común en la que las empresas intentan mostrar todo lo que están haciendo por el planeta, cuando en realidad no están haciendo nada o muy poco para protegerlo. Básicamente, es una estrategia de marketing que busca aprovechar que ahora lo sostenible está de moda para vender. Se aprovechan de ese sentimiento de culpabilidad de los consumidores, de esa responsabilidad que se siente y del hecho de querer mejorar nuestro impacto, para vender más.

Muchas veces se puede ver como técnica disuasoria, como, por ejemplo: que una empresa promueva las pajitas biodegradables, cuando se dedica a vender carne de vaca a nivel multinacional apoyando la deforestación para alimentar a todo el ganado.

Cuando una marca quiere hacer algo por el planeta, se tendría que hacer una serie de preguntas antes de empezar a promover una campaña verde:

- ¿Esto es lo mejor que puedo hacer para reducir mi impacto en el planeta?
- ¿Podemos comprometernos a reducir nuestras emisiones a cero?
- ¿Tenemos o podemos crear un plan de transición con objetivos reales que podamos ir cumpliendo desde ya?
- ¿Soy también sostenible socialmente?
- ¿He dejado o estoy dejando de lado los combustibles fósiles y optando por renovables?
- ¿Soy todo lo transparente que podría?

Nuestra recomendación es que miren primero su cadena de producción, su suministro... Que investiguen su impacto, que vean qué es lo que más contamina y que intenten mejorar todos los procesos que ya tienen en marcha.

También ha aparecido otro concepto que se llama el *greenhusing*, que es cuando a las empresas les da corte contar todo lo que han hecho en materia de sostenibilidad para que no las acusen de *greenwashing*. Entonces prefieren pasar del tema, hacer sus cosas, no contarlo, cumplir con las normativas legales y seguir su vida. Pero, claro, si no lo cuentas, hay gente que no sabe que esto se tiene que hacer ni podrán mostrar interés.

Y es que al final, de la vergüenza, por poca o por mucha, nos morimos todas de hambre.

Con todo el poder que tienen las grandes empresas, mucho más que los gobiernos en algunos casos, no es nada descabellado exigirles que rindan cuentas. Que sean conscientes de su impacto en la vida de todas, y que actúen en consecuencia. De la misma forma que hay que exigir a los gobiernos que legislen para que estas empresas se adapten a las nuevas necesidades del planeta y la gente que vivimos en él.

Finalmente, ciela, hemos de decirte que si estás viva, tienes huella en el planeta. Asúmelo. Pero todo eso no te quita credibilidad, al contrario, te aporta tablas, porque puedes hablar desde la experiencia y desde la empatía. Nosotras estamos muy hasta el coño de esta narrativa, de toda la energía que se pierde en señalarnos los unos a los otros en vez de a los verdaderos responsables. Créenos, lo sabemos, gestionamos un canal de divulgación climática y lo vemos todos los días. Además, Car, viniendo de la burbuja verde, lo ha vivido desde dentro desde hace años.

Las personas con conciencia ambiental, conciencia social, conciencia climática... no debemos ser santos. Necesitamos activistas imperfectos que se movilicen contra los responsables de este fregao, y dejemos de perder tiempo en pelearnos.

7. MAMÁ, VEN A BUSCARME

Canción de la *playlist*:
«Gato Malo» - Karol G & Nathy Peluso

MezcaGrita (versión moderna de las mezcalitas)

Ingredientes

- mezcal
- jugo de limón
- sirope de agave
- rodajas de limón
- sal

Preparación

En una coctelera, mezcla el mezcal, el jugo de limón y el sirope de agave. Agita vigorosamente mientras chillas de terror cual histérica. Cálmate y humedece el borde de una copa con una rodaja de limón y luego escarcha con sal. Llena la copa con hielo y cuela la mezcla de mezcal sobre el hielo. Decora con una rodaja de limón. Y te sientas de *chill* a ver el mundo arder.

La crisis climática da un miedo que te cagas. Si te paras a pensarlo, parece sacada del peor capítulo de *Black Mirror*. O de una edición especial de los libros de la colección Pesadillas. De hecho, hoy en día hay niños que están teniendo pesadillas relacionadas con la emergencia climática.[1] Y no es para menos. Como sabes, hablamos de la mayor crisis a la que jamás se haya enfrentado la humanidad. Y nos hemos enfrentado a dientes de sable, que dan mucho miedo. Acuérdate de Diego en *Ice Age*.

Los impactos climáticos no son como esa ola gigante de la peli *El día de mañana*, ni tampoco llegan a ser *Waterworld*, aunque sí se podrían parecer un poco a *Mad Max*. El Grupo Intergubernamental de Expertos sobre el Cambio Climático (IPCC) —establecido por la Organización Meteorológica Mundial (OMM) y las Naciones Unidas, que no te las habíamos presentado antes— indica en su último informe sobre impactos y adaptación que el cambio climático «ha causado efectos adversos generalizados y pérdidas y daños conexos para la naturaleza y las personas, más allá de la variabilidad natural del clima». Algunos de esos efectos se están produciendo lenta, requetelentamente, y en la sombra, manifestándose en tendencias a largo plazo en las temperaturas y las precipitaciones y otras variables climáticas. También indica que se puede ver (y esto ya está pasando) en las alteraciones de los ecosistemas, cuando los animales se mudan de hábitat o incluso desaparecen las especies.

1. *Daily Mail*, «Children are having NIGHTMARES about climate change with one in five saying they are losing sleep over the environmental crisis, survey reveals», <https://www.dailymail.co.uk/sciencetech/article-8067645/One-five-UK-children-report-nightmares-climate-change.html>.

Es decir, nos encontramos con fenómenos meteorológicos que formaban parte de la variabilidad del clima,[2] pero era poco probable que ocurrieran, y por el aumento de la temperatura superficial terrestre cada vez se vuelven más comunes y más extremos. Tenemos olas de frío, lluvias torrenciales, olas de calor, sequías, subida del nivel del mar, pérdida de cultivos, acidificación del océano, escasez de agua, incendios, pérdida de corales, tormentas tropicales extremas, deshielo de masas de hielo y permafrost que libera seres infecciosos que yacían allí congelados, refugiados climáticos (un informe del World Bank da la cifra de 216 millones de migrantes climáticos para 2050, superior a la población de Alemania, Francia e Italia juntas)... Madre mía. Los impactos se dicen así de carrerilla, pero realmente son consecuencias gravísimas, ojalá tuviésemos que enfrentarnos a un tigre dientes de sable en vez de a esto. Bueno, nosotras no, que somos inútiles. Pero seguro que tú sí podrías.

Dentro del mapa de las zonas más vulnerables ante la crisis climática, la cuenca del Mediterráneo es una de las zonas cero: las sequías, la falta de agua dulce y la subida del nivel del mar se suman a un mayor aumento de la temperatura de sus aguas, generando un impacto que golpea nuestra región de forma especialmente *heavy*. España es uno de los países europeos más vulnerables a la crisis climática, y ya lo podemos

2. Climate Science 2030, «Climate change impacts: case studies», <https://climatescience2030.com/climate-change-impacts-case-studies/>.

vivir en nuestra propia piel. El 2021 fue el octavo año más cálido en España. El 2020 fue el más cálido en la península desde que hay registros, seguido por agosto de 2017, el sexto más cálido de todo el siglo XXI. Estamos bajo mínimos de agua, el 75 % del suelo español está en proceso de desertización, perdiendo suelo fértil y bajando la producción alimentaria de básicos, lo que hace que suba su coste (seguro que lo notas en el súper)... Llegan especies invasoras que vienen a quedarse por el cambio del clima y acaban con nuestra biodiversidad y con nosotras, como intenta el p*to mosquito tigre.[3]

Por si esto fuera poco, podemos atribuirle al cambio climático unas cuantas muertes. Y no nos referimos solo a la pérdida de vidas en países de los que no sabemos indicar la capital, como las más de 1.000 muertes en ciertas zonas de Pakistán en 2022,[4] sino pérdidas de vidas humanas en nuestro propio país. Las muertes atribuidas al calor en España triplican la media de los últimos cinco años, con 83 muertes al día durante las olas de calor. En 2022, entre finales de abril y principios de septiembre tuvimos algo más de 4.700 muertes relacionadas con el exceso de temperatura, siendo este el año con más muertes atribuibles al ca-

3. *National Geographic*, «El cambio climático en España: impacto y consecuencias», <https://www.nationalgeographic.es/medio-ambiente/2017/10/el-cambio-climatico-en-espana-impacto-y-consecuencias>.

4. Reuters, «Death toll in Pakistan floods nears 1,500; hundreds of thousands sleep in open», <https://www.reuters.com/world/asia-pacific/pakistan-floods-death-toll-nears-1500-2022-09-15/>.

lor.[5] Para que lo sepas, mi ciela —nosotras no lo sabíamos hasta escribir este capítulo—, para que una muerte pueda ser contabilizada oficialmente como «golpe de calor» tiene que constar como tal en el certificado de defunción. Como este dato no se sabe en el momento y pueden pasar meses hasta que se conoce, el impacto del calor sobre la mortalidad en tiempo real se mide recurriendo a la mortalidad atribuible, una estimación a través de modelos y análisis epidemiológicos. Así podemos hacernos una idea del grave impacto que tiene la subida de temperaturas en nuestra vida, en un país en el que cada vez hace más calor y más pronto.[6]

Si te mola el morbo y quieres saber el número de muertes atribuibles al calor en tu provincia, puedes consultarlo aquí:

5. RTVE, «Las muertes atribuidas al calor en España triplican la media de los últimos cinco años», <https://www.rtve.es/noticias/20220907/muertes-atribuidas-calor-espana/2397831.shtml>.

6. AEMET, «España, camino del verano más cálido de su serie histórica», <https://aemetblog.es/2022/08/19/espana-camino-del-verano-mas-calido-de-su-serie-historica/>.

Lo más fuerte de todo esto (sí, siempre hay algo más fuerte, ¡perdón!) es que algunos de estos impactos pueden ser irreversibles. Esto es algo que la comunidad científica denomina «punto de no retorno» y son límites que, si se alcanzan y traspasan, podrían desencadenar un cambio significativo en la manera como operan los sistemas de la Tierra, afectando a los océanos, el clima y los procesos químicos, algunos de los cuales podrían ser «irreversibles», según las Naciones Unidas. Es decir, una vez que se cruza un punto, la ruptura del sistema es autosostenible, y continuará aunque no haya más calentamiento, aunque no haya más emisiones. Como cuando entras en el agujero de ver *Emily in Paris*, una vez que te metes no hay vuelta atrás. Sabes que es mala y que hay otras series mejores que ver, pero ya no puedes parar.

La primera vez que se habló de estos puntos de no retorno, hace más de diez años, se creía que solo se traspasarían si la temperatura global subía más de 5 °C en la superficie terrestre. Pero, desde entonces, se ha recopilado cada vez más evidencia de que podríamos pasarnos estos límites peligrosamente antes.

Los seis puntos que «probablemente» se crucen, según las investigaciones publicadas en la revista *Science*, son los siguientes:

- El colapso de la capa de hielo de Groenlandia.
- El colapso de la capa de hielo de la Antártida Occidental.
- El colapso de la circulación oceánica en la región polar del Atlántico Norte.

- La extinción de arrecifes de corales en latitudes bajas.
- El derretimiento repentino del permafrost.
- La pérdida abrupta de hielo marino en el mar de Barents.

El autor principal del estudio, David Armstrong McKay, del Centro de Resiliencia de Estocolmo, dijo que ya se están viendo señales de desestabilización en las regiones polares, y que este es el paso que precede al colapso del sistema. Actualmente Groenlandia y la Antártida pierden hielo seis veces más rápidamente de lo que lo hacían hace treinta años, según las Naciones Unidas. Y, aunque no se espera que algunos de los otros puntos de no retorno, como una mortandad en el Amazonas, lleguen a ocurrir, salvo que las temperaturas globales aumenten en al menos 3,5 °C, todos estos sistemas están conectados. Así que a medida que un sistema empieza a fallar, podría incrementar las posibilidades de que los otros también lo hagan, y entremos en un colapso completo.

Vamos, que el panorama da un miedo que te cagas.

Muchas personas del sector opinan que para comunicar esta situación y todas sus consecuencias, hay que meter miedo. Porque «hay que contar la realidad como es», «la situación es muy seria», «la gente debe conocer la verdad» y, así, se cuenta de golpe. Durante años, esta ha sido la estrategia usada en muchas campañas esperando que, al meter miedo, las personas despierten y actúen.

Para que estemos todas en el mismo punto, pongamos por ejemplo la campaña del Gobierno británico, «Act on CO_2»,[7] de 2009. Comienza con una conmovedora escena de un padre leyéndole un cuento a su hija antes de dormir, pero lo que parecía algo tierno, se convierte rápidamente en una puta pesadilla. El cuento trata de una historia sobre cachorros que se ahogan, conejos que mueren de sed y el fin del mundo tal como lo conocemos. Fantasía.

Otra campaña traumática que hemos encontrado viene de la ONG WWF. Buscando llamar a la acción con-

(Stanislaw Lewicki para WWF, vía Behance).

7. «Bedtime Stories», <https://www.youtube.com/watch?v=SDthR9RH0gw>.

tra la deforestación bajo el lema «*Once the rain forests are gone, they're gone*» («una vez que los bosques desaparecen, desaparecen»), utilizan una imagen muy realista, quizá demasiado. Y no estamos del todo seguras sobre si esto motivará a una persona a actuar por la crisis climática.

No todas las campañas que meten miedo contra el cambio climático son así de traumáticas, pero todas tienen en común que utilizan el miedo como herramienta para activar a la audiencia. El miedo desde luego es una herramienta poderosa para llamar a la acción. Al final, nos viene de la evolución, al ser una adaptación crucial para nuestra supervivencia como especie, y se ha usado mucho para manipular a las personas. Antiguamente, se recurría al miedo para defender principios morales o éticos, o para el control de la población, no solo para cuestiones evolutivas de primera necesidad. Y esta técnica ha seguido usándose hasta el día de hoy. Como indica Fernando Valladares en su artículo para *Ethic*,[8] el miedo abunda en la concienciación ambiental, como los enfoques apocalípticos en la narrativa climática. A menudo la protección del medio ambiente pasa por vaticinar destrucciones y catástrofes, mares arrasadores y calores calcinantes, tormentas infinitas y terremotos de espanto, cosas que has visto que desgraciadamente son verdad y hay pronósticos científicos que lo respaldan.

8. F. Valladares, «Los límites del miedo en la narrativa del cambio climático», *Ethic*, < https://ethic.es/2021/02/los-limites-del-miedo-en-la-narrativa-del-cambio-climatico/>.

En cambio nosotras nos preguntamos: ¿es esta la mejor estrategia?, ¿de verdad funciona?

Lo siento, Belén. Ahora toca citar a mi mayor *crush*: George Marshall. Belén está hasta el coño de que hable de él, pero es que este tío no puede ser más genio. Tuve la suerte de conocerle en la COP26 de Glasgow y casi me hago pis encima. En mi corazón solo le gana Taylor Swift. Lo siento, estoy obsesionada. Y cuando te hable de él y de su trabajo lo vas a estar tú también: George es un tío chulísimo, cofundador de la ONG especializada en comunicación climática Climate Outreach, y autor de *Don't Even Think About It: Why Our Brains Are Wired to Ignore Climate Change*, un libro que me fascina. Me fascina tanto que hasta te diría que cierres este libro y te compres el suyo, pero no soy tan gilipollas.

El caso es que George habla en su libro de la psicología evolutiva y cómo nos juega una mala pasada con esto de procesar la amenaza del cambio climático. Según Andrew Hoffman, de la Universidad de Michigan, uno de los elementos que polarizan la reacción de las personas ante el cambio climático es la percepción del riesgo. Y es de esta percepción del riesgo de la que habla George. Al parecer, nuestro cerebro evolucionó para procesar peligros mucho más inmediatos, como el de un león u otra persona atacando, pero no para prepararnos contra peligros que saltan generaciones. Incluso el profesor e investigador de Harvard Daniel Gilbert le cuenta a George que el cambio climático es «una amenaza contra la que nuestro cerebro está totalmente incapacitado para enfrentarse» ya que «nuestra cabeza custodia una mente de la Edad de Piedra».

Sin abrir el melón de cuánto y cómo ha evolucionado nuestra mente, hay una cosa que podemos destacar, relevante con respecto a nuestra toma de decisiones contra la crisis climática. Nuestro cerebro cuenta con dos maneras de procesar la información: una manera lógica, analítica, que codifica la realidad en palabras, símbolos y números; y otra emocional, con imágenes, intuición y experiencia. Estas dos formas de procesar información tienen hasta su lugar en el cerebro; la emocional se encuentra en la amígdala. Algo que cuenta George que dijo Joseph LeDoux en su libro *The Emotional Brain* y nos pareció superinteresante es que la amígdala conservó su dominancia en la toma de decisiones por su rapidez a la hora de evaluar amenazas. Es decir, el sistema analítico es deliberativo, lento, y toma decisiones según evidencia y probabilidad; y el emocional es rápido, automático e impulsivo, lo que permite llegar a conclusiones de forma más veloz. Esto también se conoce como el cerebro emocional y el cerebro racional. Pues resulta que nuestra percepción del riesgo está dominada por la parte emocional, que favorece la proximidad, se basa en experiencias personales y se maneja con imágenes e historias.

Y aquí está uno de los problemas con el miedo. Los impactos climáticos no se *sienten* tan peligrosos, aunque racionalmente lo sean. Porque una vez que las cosas son aceptadas en nuestra realidad y nuestra vida cotidiana, no se sienten tan amenazantes. Huracanes, olas de calor e inundaciones están asumidas en el planeta y están totalmente aceptadas por el s*tatu quo.* En el mundo pasan desastres naturales terribles todo el rato, ¿verdad? Incluso cuando pasamos por uno de ellos, como las olas de calor, terminan acabando. Acaba el verano, se pasan las olas de calor y volvemos a la normalidad. Todo eso tan terrible que pasa y puede pasar, nos es familiar y tenemos la experiencia de que acabará pasando.

Estos «miedos» que nos tratan de meter las campañas de concienciación también fallan en el tiempo. Son amenazas que van a ocurrir en un futuro, tampoco las campañas aseguran cuán próximo, y como personas tendemos a priorizar lo que nos afecta a nosotros, ahora, y a descartar todo aquello que afecte a otros, lejos y en el futuro. Pero también hay otro factor que se debería tener en cuenta a la hora de meter miedo: somos estúpidamente optimistas con el riesgo. Los seres humanos tenemos una tendencia a distanciarnos de potenciales amenazas gracias al puro optimismo (¿te suena eso de «seguro que a mí no me pasa»?). Los fumadores creen que otros fumadores tienen más riesgo de sufrir un ataque al corazón, los conductores creen que serán otros los que sufran un accidente, siempre pensamos que a nosotros no nos van a robar...

Finalmente, George argumenta en una conversación con su tocayo George Loewenstein, de la Universidad de Carnegie Mellon, que la respuesta primaria general de la gente siempre será mitigar la amenaza, incluso si esto significa evitar el problema. Al parecer, somos capaces de generar argumentos para interferir en nuestra respuesta al miedo. Por tanto, nuestro George se pregunta: «¿Es el cambio climático un peligro para futuras generaciones o nos hemos construido esta narrativa para lidiar con la amenaza?». La realidad es que lo es. Pero también es un problema del pasado y del presente. La falta de una *deadline* definitiva para nuestro cerebro dificulta la magnitud con la que evaluamos la amenaza, y facilita que nos creemos nuestra propia *timeline* de manera que nos salga más favorable, dejando el problema para más adelante. Es fascinante la cantidad de mierda que elegimos ignorar deliberadamente.

En resumen: George reflexiona sobre cómo nuestra parte racional del cerebro puede entender la magnitud de la amenaza, pero a nuestra parte emocional se le hace bola que no haya una *deadline* inmediata, que ocurra en nuestro lugar concreto pero también en otros lejanos, que haya demasiados impactos muy distribuidos. Es una amenaza difícil de colocar en una categoría concreta y no acaba entrando en ninguna, y así es superfácil ser optimistas, minimizar y pasar. O peor: que llegue un sentimiento de desesperanza o impotencia y se cierre la persona en banda.

Así, por muy terribles y reales que sean los impactos de la crisis climática, tenemos que aceptar que es difícil para las personas prever la magnitud del problema e imaginar cómo y cuándo lo experimentaremos realmente. Y aunque el miedo haya funcionado para algunas personas, no podemos seguir abusando de ello y utilizándolo como herramienta. Es contraproducente.

Entonces ¿cómo lo comunicamos bien, listas?

8. CÓMO CONVENCER A UN CUÑADO

Canción de la *playlist*:
«Hoy la bestia cena en casa» - Zahara

Glowing Gin (versión moderna del gin-tonic, la bebida por antonomasia de los cuñados)

Ingredientes

- ginebra
- tónica
- infusión de frutas del bosque (hay una en Mercadona, tampoco te rompas la cabeza, ciela)

Preparación

Mezcla la ginebra y la tónica. Agrega una infusión de frutas del bosque para un toque frutal y to chulo, que seguro que distraerá al cuñado en caso de necesitar una vía de escape. También puedes tirarla si te cabreas mucho, y las manchas quedarán bonitas igual.

Que no se nos olvide que ser cuñado es un estilo de vida. Todas llevamos un cuñado pequeñito dentro, y todas podemos ser cuñados, si nos lo proponemos. Puedes ser un cuñado defendiendo a muerte a la Bad Gyal. Muchas veces se nos presentan situaciones en las que tenemos que luchar contra este pokémon cero legendario, porque son más comunes que los Rattatas.

Antes de nada, calma. Respira. Vamos a intentar entender qué ocurre dentro de la cabeza de un cuñado (realmente extrapolable a cualquier persona con la que hables). Ya vimos cómo funcionan nuestros cerebros y que el tema de la crisis climática se les hace bola por naturaleza. Ahora, te contamos que el cuñado al que te enfrentas ya tiene en su cabeza una serie de valores, sesgos y creencias formados por su experiencia vital y que harán que este tema se le haga aún más bola. Según el Center for Research on Environmental Decisions (CRED), todas las personas tenemos un sesgo de confirmación que «hace que las personas busquen información que sea consistente con lo que ya piensan, quieren o sienten, llevándolos a evitar, descartar u olvidar información que les obligara a cambiar de opinión y, muy posiblemente, de comportamiento».

Esto ya no va de si metemos miedo o no. Para los negacionistas del clima, no importan los datos, el consenso científico, ni el papa (busca *Laudato si'* en internet y flipa). Porque lo primero que les nace es buscar información que confirme sus teorías y se alinee con lo que creen, aunque sea el típico mensaje de difusión de WhatsApp. La escritora Carolyn Gregoire indica que las personas «evitamos la disonancia cognitiva con sesgo de confirmación». Según Carolyn, la disonancia cognitiva es cuando tenemos inconsistencia en nuestros pensamientos y creencias, lo que crea tensión, especialmente si requiere cambiar de hábitos o comportamientos. Así, «el sesgo de confirmación se convierte finalmente en un "razonamiento motivado" basado en la emoción, un proceso de toma de decisiones en el que las personas se aferran a creencias falsas e ignoran cualquier oposición o evidencia». Además a veces es más importante el mensajero que el mensaje. Si a ti el cuñado ya te ve como una persona contraria a sus valores, a sus creencias, a su ideología política, a su modo de vida... Vamos, que te ve casi más como un enemigo que aliado, ya va a posicionarse inconscientemente contra ti antes de que abras la boca. Por eso vemos tan importante salir de la burbuja verde y que haya todo tipo de mensajeros climáticos, hasta cuñados, para que hablar con otros cuñados sea mucho más fácil y con menos sesgo.

Entonces ¿qué hacemos?, ¿nos matamos? No tía, no. ¡Aún hay esperanza! El CRED también afirma que las personas con el tiempo cambiamos nuestras creencias cuando se nos corrige la información errónea. Énfasis en «con el tiempo». Por eso, el tema está en tratar de averiguar qué conceptos del cambio climático se les hacen más bola por la desinformación y corregirlos con los datos correctos. Pero ¡ojo! Demasiada información puede resultar contraproducente y obtendremos el efecto contrario. A todas nos ha pasado (con un montón de temas, no solo con el cambio climático) que, al poner la evidencia sobre la mesa, la otra persona se cierra en banda y se aferra más a su opinión. Así, en la mayoría de estos casos es probable que la persona siga creyendo en su movida y solo acepte la información que confirme su forma de pensar. De este modo, seguirá yendo hacia la información que reafirme sus creencias y creerá en ellas más de lo que ya lo hacía. Gracias a nuestras compañeras de Climate Tracker, sabemos que esta situación se conoce como *backfire effect*.[1]

Según un estudio de Dartmouth, «si la gente contraargumenta información no deseada con suficiente fuerza, pueden acabar con información más congruente con su pensamiento que antes del debate, llevándolos a opiniones más extremas de las que tenían antes». David McRaney resume el *backfire effect* de esta manera: «Una vez que se añade algo a tu colección de creencias, lo proteges del daño. Lo haces instintiva e inconscientemente cuando te enfrentas a actitudes inconsistentes de información. Así como el sesgo de confirmación lo

1. Climate Tracker, «Fear doesn't work, and other lessons on climate change communication», <https://yaleclimateconnections.org/dl/CT-Communicating-Climate-Change.pdf>.

protege cuando busca activamente información, el *backfire effect* te defiende cuando la información te busca, cuando te ciega. Es decir, te apegas a tus creencias en vez de cuestionarlas. Cuando alguien trata de corregirte, de diluir tus conceptos erróneos, finalmente los fortalece».

Para *Skeptical Science* hay dos formas de lidiar con esto: presentar la información junto con la autoafirmación, y enmarcar el argumento de manera que no amenace las visiones del mundo de la otra persona. Como ya te imaginas, no solo los típicos cuñados negacionistas tienen un sesgo de confirmación, y el *backfire effect* lo puede sufrir cualquier persona. Por eso decimos que todas llevamos un cuñadito dentro que sale en según qué ocasiones. Si los negacionistas usan como argumento que el cambio climático no es real porque hace frío donde viven, o no se inundó su casa, debemos tener cuidado con no conectar con la crisis climática absolutamente todos los eventos relacionados con el clima. Esto es algo sobre lo que reflexionamos junto a nuestro gran amigo y mejor persona Ignacio Amigo: la necesidad de utilizarlo todo en nuestro argumentario podrá conducir a más malentendidos y desinformación, ampliando sin querer la brecha entre la ciencia y la percepción que se tiene de ella.

Por tanto, viene bien buscar otras tácticas comunicativas extra si queremos llegar a cuñados, negacionistas y escépticos y convencerlos para que «crean» en la ciencia. Aunque la ciencia no sea una opinión.

No alimentes al cuñado

Así, hemos pensado en cómo iría la discusión con un cuñado, para ver esas otras tácticas que podrían funcionar mejor. Lo que más nos funciona a nosotras es tratar de activar la parte emocional de su cerebro, usar argumentos que tambalean esos valores por los que rige su vida, las cosas que le importan, las que le hacen levantarse del sofá:

1. **Los dineros**
   Frenar la crisis climática sale más barato que no hacer nada, y actualmente ya se está perdiendo dinero. Por ejemplo, empresas top de ganadería y agricultura van a perder hasta 150.000 millones de

dólares en 2030 si siguen practicando *business as usual*.[2]

2. **La comida y el vino**
Que se nos muere la vid y el vino, que no van a quedar bellotas para que se las coman los cerdos... Todos los cultivos se ven afectados por la crisis climática, y los tuyos también.

3. **Españita**
Con el país tan maravilloso en el que vivimos, al final Madrid tendrá playa.

4. **El toro**
Este es especial para todas las personas que dicen que el toro de lidia se extinguiría sin toreros: adiós, dehesa; adiós, torito.

5. **Racismo**
Todos los argumentos son horribles, pero este especialmente. Piénsalo, la gente de áreas más vulnerables tiene que huir de su país por los impactos de la crisis climática. Eso es más inmigración a otros países. ¿Y adónde crees que se van a venir, Antonio?

2. Reuters, «Farm and food investors face $150 billion loss on climate change, report says», <https://www.reuters.com/business/environment/farm-food-investors-face-150-bln-loss-climate-change-report-2022-09-20/>.

6. **Salud**

Lo que más nos puede tocar de cerca en España son las olas de calor, pero probablemente no se sufran tanto si cuentas con cientos de aires acondicionados, casas en la playa y un yate. Pero lo que ni los Rolls-Royce pueden parar son los mosquitos, que suben del trópico con sus enfermedades tropicales y encantados con este nuevo clima que les estamos dejando.

Pero si te ves con ganas de usar argumentos más convencionales, puedes probar con los siguientes:

- «El cambio climático ha ocurrido siempre».

  En los millones de años que tiene el planeta, es cierto que ha experimentado muchas variaciones en el clima. Pero lo que estamos viviendo ahora se sale de la normalidad de un ciclo. Primero, porque estamos presenciando en décadas lo que ocurriría normalmente durante cientos de miles de años. Y segundo, porque las emisiones de gases de efecto invernadero provenientes de la actividad humana son cien por cien responsables del calentamiento de la superficie terrestre observado desde 1950, según el IPCC.

- «El calentamiento global no existe, hizo mucho frío en invierno».

  OK, José Luis. Nos has pillado.

  Es broma. El calentamiento de la superficie terrestre no implica que se caliente tu casa del pueblo. Implica una alteración del clima mucho más amplia y compleja, con eventos extremos de todo tipo, como que en el Reino Unido, donde suele llover, llueva mucho más fuerte. Sabemos que cuesta, pero a ver si dejamos de pensar que nuestro ombligo es el centro del mundo.

- «El CO_2 en la atmósfera es mínimo, su aumento no importa».

  Es verdad que el CO_2 ocupa menos del 10 % de la atmósfera, pero su influencia en el cambio climático es en proporción mucho mayor que el resto de los gases, ya que es más abundante y permanece más tiempo que otros que absorben más calor (como el metano).

- «Es un problema del futuro».

  Tenemos un tiempo de actuación muy limitado, y es ahora, no en el futuro. Es verdad que llevamos escuchando un millón de *deadlines* en los últimos años sobre el fin del mundo, lo que provoca que sea fácil pensar que esto sea una *deadline* más, pero esta vez va en serio, viniendo del IPCC y por consenso científico. Además, dejar el marrón a generaciones futuras pensando que no vamos a sufrir las consecuencias de la crisis climática es simplemente estúpido. Ya estamos viviendo las consecuencias, Manuel. ¿O es que crees que cada año, por ejemplo, tienes más alergia porque sí?

Pongámoslo en práctica tipo pelea de *Pokémon*:

Oh, ¡un cuñado salvaje apareció!

¿Qué quieres hacer?, ¿luchar o huir?

Has elegido luchar.

Utilizas ataque «empatía»: «¿Por qué crees que la crisis climática no debería ser importante?».

Cuñado parece confuso.

Cuñado utiliza: «invalidar el argumento con algún comentario sobre tu apariencia».

No es muy efectivo...

Utilizas la cuerda de huida. Porque hay batallas en las que lo mejor es retirarse.

Y si nada de esto funciona, nuestra recomendación es que sigas este tutorial:

9. LA PEOR CAMPAÑA DE MARKETING DE LA HISTORIA *VS.* BTS

Canción de la *playlist*:
«Dynamite» - BTS

Vintage Dead (versión moderna del Old Fashioned, lo que bebían en *Mad Men*).

Ingredientes

- whisky
- azúcar
- Campari
- *twist* de naranja

Preparación

Mezcla el whisky, el azúcar y el Campari. Sirve sobre hielo y decora con un *twist* de naranja.

Y ahora puedes sentarte a pensar en los osos polares y lo poco que empatizas con los pobrecitos.

Nosotras siempre decimos que la crisis climática tiene la peor campaña de marketing de la historia. Y francamente es cierto. Solo piensa en que si esto hubiera salido bien nosotras no estaríamos aquí y tú no estarías leyendo este libro, ¿eh?

Muchas veces cuando pensamos en el imaginario colectivo de la crisis climática, de entre todas las imágenes que nos vienen a la cabeza en ese momento, hay una que destaca:

Los puñeteros osos polares

Y no nos malinterpretéis, estamos a tope con los osos polares, pero la mayoría de las personas no hemos visto un oso polar en nuestra vida. No empatizamos.

No nos genera nada.

No nos mueve por dentro.

Termina siendo..., meh..., un oso polar.

Evidentemente había (y hay) una gran mano negra, a la que no le interesaba (ni le interesa) que estos temas se traten. Como ya hemos hablado en capítulos anteriores, ni siquiera el nombre se estaba utilizando bien. Pero ya hemos hablado de un montón de cosas deprimentes y de lo mal que se ha estado haciendo, así que podemos comenzar a buscar soluciones y empezar a venirnos arriba. Antes de nada, tómate tu tiempo para respirar y concienciarte de que esto es una lucha en la que necesitamos, literalmente, a toda la gente del planeta, o a la mayor cantidad que podamos conseguir.

Tú has llegado a un punto en el que hablar de este tema te parece muy importante, hasta te estás leyendo este libro, pero piensa que el común de los mortales no está en ese punto. A ti te parece muy lógico querer vivir en un planeta habitable y querer hacer algo, tú ya has hecho todo ese proceso de «oh, vaya, si el planeta se va a pique, yo también», pero ellos no. Así que mucha paciencia, empatía y, si un día quieres mandarlo todo a la mierda porque el tema ya se te hace bola, tienes todo el derecho del mundo a hacerlo.

Pongamos un ejemplo de una campaña de marketing que haya sido muy efectiva. A nosotras nos gusta mucho el caso de BTS. Si no sabes quién o qué es BTS, te invito a googlear para obtener más información, pero vamos a hacerte un resumen: es una *boyband* de Corea del Sur, formada por siete miembros, perteneciente al conocido K-pop (*Korean pop*), que se ha hecho universalmente famosa en los últimos años, aunque tú no sepas quiénes son. Dicho mal y pronto, son como los Backstreet Boys, pero por dos mil. Hablando en cifras, BTS representa en torno a un 0,5 % del PIB de Corea del Sur. El Instituto de Cultura y Turismo de Corea anunció que un solo concierto de BTS puede generar al menos 500 millones de dólares.

Ahora vamos a comparar distintos puntos en los que la comunicación sobre la crisis climática ganaría mucho si se fijara más en BTS:

– *Performance* y transparencia.

La *performance*, *shows*, conciertos y apariciones públicas de BTS siempre tienen como objetivo máximo el espectáculo. Da igual dónde lo hagan, tienen un equipo de cientos de personas que se encargan de absolutamente todo para que sea una experiencia única. Como dar un concierto en *streaming* desde un puente o desde un templo en Corea del Sur. Esto de primeras parecería simplemente eso, un *live*. Pero haciéndolo de esta forma estás poniendo el ojo de millones de personas en Seúl, como ciudad y como destino turístico, y pone en valor la cultura coreana de una forma totalmente diferente. Desde que BTS puso el K-pop de moda, más de 17,5 millones de visitantes llegaron a Corea del Sur en 2019, lo que supone un 14 % más que las cifras del año anterior.

Ahora imagina que uno de estos *shows* llevase como temática el uso de energías renovables, la visibilidad sería una pasada. Pero además esto no está reñido con la transparencia, al contrario: con la gran producción que lleva cada actuación, una contraposición muy interesante es que lo comparten todo sobre su vida en las redes sociales. Es más, tienen su propia plataforma donde comparten y hacen sus especiales solo para seguidores. En todo momento puedes ver qué está pasando, hay muchísimos vídeos en internet donde se los puede ver interactuando relajados en su día a día.

– Cuentan con la ARMY.

La ARMY son el grupo de fans oficiales y fieles seguidoras de BTS, pero para entender las dimensiones, se calcula que son 22.348.366 registradas en todo el mundo. Para poder entrar como miembro oficial hay que pagar una cuota, no muy cara (22 € al año), y con ello consigues acceso a contenido exclusivo, productos y un montón de cosas. Se ha convertido en una comunidad superconocida, muy activa en redes, que consigue organizarse para mantenerlos siempre en el punto de mira.

Podemos ver esto en un ejemplo climático: se hizo la grabación de un videoclip de BTS en una playa de Corea del Sur donde más tarde se pretendía construir una central hidroeléctrica. La ARMY se enteró y comenzaron a movilizarse mediante las redes sociales con la intención de parar la construcción de la central. Y lo consiguieron. ¿Su objetivo era conservar un entorno natural? No. ¿Lo consiguieron? Efectivamente.

– No les ha dado miedo cambiar.

Puede parecer que un grupo coreano es algo que no interesaría a mucha gente fuera de su país por ser radicalmente opuesto a lo que puedes estar acostumbrado a escuchar en España; te sientes cero identificada y no es algo tan tan *mainstream*. Además, la mayoría de los grupos coreanos cantan en coreano, como es lógico, era la norma. Pero ellos empezaron a hacer canciones donde mezclaban inglés y coreano, y después pasaron a canciones íntegramente en inglés. Por lo visto, esta decisión al principio fue un poco controvertida en Corea del Sur, pero ha resultado ser una fórmula muy potente y ahora la utilizan muchísimos artistas, y hoy en día hay canciones en las que se mezcla coreano, japonés, tailandés, inglés o chino... No fueron los primeros en hacerlo, pero sí los primeros con tanta visibilidad, y lo más gracioso es que solo uno de los miembros del grupo habla inglés de manera fluida, por ahora. Con esto han logrado ampliar su público y darse a conocer en otros países; la ARMY aumentó muchísimo y empezaron a nacer proyectos en los que las diferentes «delegaciones» del mundo querían demostrar su apoyo a los chicos. Y, entre las cosas que decidieron, se les ocurrió hacer donaciones por el cumpleaños de uno de los miembros para salvar los glaciares en Italia, plantar 1.500 árboles en Filipinas y crear un bosque protegido, y empezar iniciativas para limpiar playas en Tanzania.

– Diversidad de formatos.

Usan diferentes formatos y plataformas, nada los para. Como ya hemos dicho, tienen su propia red social con una app, su propio «gran hermano» en redes sociales y muchísimo contenido alternativo. Pero además de todo esto se apuntan a todo. Su mayor objetivo era tener mancha y ser visibles, ser conocidos y que se hablase de ellos y lo han conseguido. Nosotras con Climabar pretendemos un poco lo mismo, aparecer en la mayoría de los sitios posibles para que se vea que la crisis climática entra en absolutamente todas partes.

– Versatilidad.

Son versátiles, colaboran con mucha gente y buscan sinergias todo el tiempo. Y por otro lado, están muy muy presentes en colaboraciones, ya sean con otros artistas o marcas, por ejemplo uno de ellos hizo una canción con Becky G que literalmente va sobre sopa de pollo, pero también han terminado colaborando con grupos como Coldplay en la canción de *My Universe*.

Esto es porque siempre están buscando llegar a otros públicos, también han hecho muchísimas colaboraciones con marcas de moda, de belleza o incluso tecnología, desde Fila, pasando por Louis Vuitton o la NBA, hasta Samsung. También hicieron lo típico de crear un menú de McDonald's, su propio McAitana *Korean Style*.

Y es que si hay algo que los asiáticos dominan es el ser fan de cosas.

Entonces, si se puede ser fan de una *boyband* que monta contenido superdiferente como si fuese un *reality* y hace unas *performances* maravillosas, y por el cumpleaños de alguno de sus miembros ponerte a ayudar al planeta, ¿por qué no se puede ser fan de la lucha contra la crisis climática?

Vamos al turrón: ¿qué podemos hacer para hablar de esto de una forma más efectiva? Haremos uso de una técnica milenaria: simple y llanamente, vamos a copiar. En el mundo de la creatividad y del arte se habla mucho de la originalidad. Y, alerta spoiler: es un concepto que no existe. No se puede ser genuinamente original. Todo viene de otra cosa, todo está inspirado en alguien. Y si alguien está haciendo las cosas de maravilla, ¿por qué no vas a poder extraer ese conocimiento y aplicar lo que a ti te sirve para lo que tú quieres? Toda tu vida te han dicho que está mal copiar, pues es mentira. Hay que copiar, todo el rato a todo el mundo. Vamos a copiar a diferentes personas, instituciones y sectores.

Para empezar, vamos a copiar a cualquier agencia de publicidad, porque ella nos va a dar el método. Desde que se inventó, la publicidad está construyendo cultura, y es totalmente necesaria para conseguir que esta transición y mandanga de la crisis climática funcione. Tiene que ser tu mejor amiga. Exactamente como nosotras, Car y Belén. Es la combi completa de Nicky Jam y Daddy Yankee. Va a ser la encargada de tratar la crisis climática como lo que tiene que ser en este fabuloso mundo capitalista en el que vivimos: un producto más. A la gente le tienes que vender la crisis climática, le tienes que vender que le interese, que le preocupe, que quieran ayudarse para, indirectamente, ayudarte.

El sector de la publicidad tiene muchísimo dinero, tiene el método más que estudiado, y solo hay que seguir una serie de pasos. Existen mil millones de libros de publicidad que te lo explican bastante mejor, pero te vamos a hacer un resumen. Y para ello vamos a usar dos ejemplos:

Ejemplo A. Uno grande de cómo lo hace la publicidad tipo campaña: «Queremos cambiar la imagen del gas natural en la concepción de la mente de la gente».

Ejemplo B. Uno más de estar por casa para que lo uses tú en el día a día: «Quiero que mis compañeros de piso dejen de comer carne al menos un día a la semana de forma consciente».

Primera fase del proyecto: responder a las preguntas más básicas sobre qué, por qué, a quién, cuál es el objetivo... Y así poder tener una visión general de tu proyecto.

Ejemplo A. Qué es el gas natural, qué consecuencias tiene para el planeta, cómo se suministra, qué alternativas hay, en cuánto lo quiero conseguir, cuántos recursos tengo...

Ejemplo B. Qué beneficios tiene comer menos carne, con quién o con qué cuento para apoyarme, en cuánto tiempo puedo hacerlo...

Segunda fase: investigación y análisis. Queremos tener una visión concreta del mercado, de lo que le preocupa de verdad a la gente. Bien de datos contrastados, pero todos básicamente van orientados a las personas y su realidad.

IMPORTANTE: la suya, no la tuya. Habla con la gente, no caigas en estereotipos y en ideas preconcebidas por vaga.

Ejemplo A. ¿Por qué se le llama gas natural? ¿Por qué lo usa la gente? ¿Desde cuándo? ¿Qué concepción tiene la gente del gas natural? ¿Quiénes son los que más lo usan? ¿Es realmente más barato?

Ejemplo B. ¿La alternativa a la carne es más cara? ¿Es más rápida? ¿Qué beneficio real tiene para la vida de mis compañeros? ¿Cuáles son sus rutinas alimentarias? ¿Qué es lo que más les gusta hacer?

Tercera fase: estrategia. Cogemos todos esos datos y pensamos en las decisiones claves que vamos a tomar para contar nuestra movida y que la conviertan en SU movida, que la adopten como un problema que ellos pueden solucionar y que les va a reportar muchos beneficios. Y qué canales vamos a usar y cuáles son los mensajes más importantes.

Ejemplo A. Hemos descubierto que la gente tiene muchísima confusión con el nombre «gas natural», porque su cerebro lo enlaza con algo natural, eco y beneficioso para el planeta. Y resulta que es todo lo contrario, así que el primer paso sería: cambiar el nombre. Nuestro público, el *target*, la gente a la que nos dirigimos, es gente mayor, que tiene cierto poder adquisitivo y puede cambiarse de gas a vitro o inducción. Y como tenemos un nombre que cambiar, una buena opción son las redes sociales y la radio, para ser superrepetitivos con audio.[1]

Ejemplo B. He descubierto que a mis compis de piso lo que más les preocupa es que las cosas sean baratas y se puedan hacer rápido, ellos comen «una pechuga de pollo» porque «la haces a la plancha en un momento y no tienes que pensar». Ya con eso tienes tus puntos claves: dinero, tiempo y pereza. Ahora puedes tomar decisiones como qué vas a hacer y qué canal vas a usar.

Cuarta fase: desarrollo creativo. Lluvia de ideas.

1. ¿Te acuerdas del ejemplo de Canal Car? Es un anuncio de radio donde repiten unas treinta veces: «En Canal Car compramos tu coche, compramos tu coche, compramos tu coche». No es muy creativo, pero es efectivo, y ahora si alguien te dice que quiere vender su coche tu mente irá a Canal Car.

Ejemplo A. Puedo hacer un Canal Car. Dar la turra como el anuncio de Canal Car y repetir, repetir y repetir. Hasta que en tu cabeza hagas el link de manera automática.

Ejemplo B. Empiezas a tener ideas sobre cómo hacerlo: «Cuando vaya a hacer la compra, les voy a avisar de las ofertas en carnes vegetales, les voy a decir que hay 2 × 1, que si comparten conmigo... y ya lo tienen en casa para sustituir a su pechuga de pollo».

Y luego ya nos daríamos un paseo por el resto de las fases, que son: producción, difusión, seguimiento, análisis y evaluación, para ver qué hemos aprendido, qué podemos hacer mejor, etc. Pero probablemente todo eso no te haga falta para conseguir que tus compañeros de piso se pasen a la carne vegetal o a una energía renovable.

Algunos consejos:

- No te pases con la dificultad, tu objetivo debe ser un *win-win*. Si no vienes a facilitarle la vida a la gente, estás perdido.
- No te flipes con el tiempo; si no lo entiendo rápido y me supone esfuerzo, no lo quiero. Hablamos de gente que vive en el mundo de Amazon Prime con envíos en un día; la paciencia ya no está de moda.
- Ojo con tus expectativas, por ejemplo con pensar que la gente va a querer escucharte; si no les beneficia directamente, no les interesa. La gente es así y tú eres así, porque el mundo te ha hecho así.

Dentro de todo el tema que hemos tratado anteriormente hemos usado un elemento muy útil a la hora de generar ideas y que también vamos a copiar. Hay un concepto que se usa en muchos sectores, pero sobre todo en publicidad, que se llama *insight*, que es básicamente una verdad subyacente con la que mucha gente se puede sentir identificada o conoce.

Un ejemplo que, si eres mujer, probablemente reconozcas al vuelo: volver a casa por la noche y llevar las llaves en la mano a modo de puño americano con pinchos. No tienen que ser tan serios, hay un montón, como intentar enchufar el móvil por la noche al lado de la cama y no atinar con el enchufe. La gente que deja los briks vacíos en la nevera, los valencianos defendiendo la paella «auténtica» o hasta el concepto de «cuñao». Hay mejores y peores, y algunos no lo son y te das cuenta luego. El tema es que los *insights* viven de la empatía, de conocer mucho a un grupo de población y qué les preocupa, qué les interesa. Y a la hora de movilizar a la gente son vitales.

Por ello, para tener una idea sobre comunicar la crisis climática, o la reducción del uso de plásticos, o pasarte a una renovable, o que alguien deje de comer carne... tienes que plantearte cuál podría ser un *insight* que esta persona o personas tengan y que puedas utilizar para proponer algo que les aporte valor (y que además compren toda nuestra movida de la crisis climática).

Utilizando el ejemplo de antes, imagina que quieres convencer a alguien de que deje de comer carne o de que reduzca su consumo. Tienes que empezar a pensar en el tipo de persona al que te estás dirigiendo: mi amiga X a quien lo que más le importa es llegar a fin de mes sin ir pilladísima, pero también quiere cuidar del planeta y a veces se siente culpable. Dentro de ese contexto ya hay un montón de *insights* que puedes utilizar. Por ejemplo: una persona va al súper, se dirige al pasillo de la carne y se pone a mirar las bandejas de pollo y, aunque parece muy de pobre (todo el mundo lo hace y nosotras también lo hacíamos), coge la bandeja de pollo y ve 3,67 €, pero entonces se le va el ojo a la bandeja de al lado donde pone 3,42 € y piensa «esta pa mí». Es más barata, aunque tiene prácticamente la misma cantidad de pollo. Es un momento de *ratez* extrema porque no te sobra ni un euro.

Pues esto sería un *insight* que podrías utilizar: poner carne vegetal más barata al lado, o decirle que eso le sale igual que cuatro botes de garbanzos que le sirven para ocho comidas. Prácticamente todos los humanos usamos el dinero para vivir, así que acudir al bolsillo siempre suele ser buena idea porque todos nos sentimos identificados.

Y recuerda, ya sea a una industria, una banda, un cantante, un sector, una marca o lo que sea, si lo está haciendo bien, vamos a copiarle, vamos a colaborar, vamos a pedirle que nos ayude.

Nosotras venimos de la generación digital, nos hemos criado entre tutoriales de YouTube, y ahora de TikTok, por lo que el autoaprendizaje y la proactividad los tenemos muy normalizados. Y con la comunicación de la crisis climática hay que hacer exactamente lo mismo.

Por un lado aprender de formatos nuevos, buscar nuevas sinergias, referencias y cosas que puedas unir.

Porque como hemos dicho mil veces ya, la crisis climática toca absolutamente todos los palos, porque es transversal a todo, así que podrás unirlo con lo que sea.

Por ejemplo, imagínate que me dices: «Me encanta *High School Musical*», y yo te suelto: «Pues que sepas que toda la narrativa de la película ocurre en Alburquerque, Nuevo México, que actualmente se está viendo gravemente afectado por las sequías y la crisis climática». Así que para comunicar esto hagamos una versión de *High School Musical* cantando todos *We Are in This Together* y haciendo la coreo en un secarral.

Y ahora vamos a tener un *superflashback* al inicio de este capítulo donde hemos hablado de los osos polares. Bien, pues ahora sustituye la imagen anterior de los osos polares en el hielo y la cambiamos por esta:

¿Qué te genera? Cabreo, ansiedad, ganas de llorar, de gritar... Seguro que más que la imagen de los osos polares. La realidad es que la subida de precios de las materias primas de donde se saca el vino o la cerveza, de los procesos para fabricar estas bebidas y para transportarlas y, por lo tanto, el aumento de su precio final parten de la misma consecuencia por la que el hielo se derrite y los osos polares se quedan sin casa: ambas situaciones son consecuencias de la crisis climática. Pero con una imagen te quedas como OK, y con la otra te quedas jodido todo el finde.

Y no eres ni mejor ni peor persona por ello, simplemente quiere decir que su *insight* es lo que afecta a tu vida, ciela. Así que, en conclusión, una regla básica para hablar de la crisis climática es hablar de lo que le preocupa verdaderamente a la gente, aunque dé palo.

10. ECOANSIEDAD, PERO SIN PASARSE

Canción de la *playlist*:
«Sobreviviré» - Mónica Naranjo

Sex in the Desert (versión moderna del Sex in the Beach pero con más arena)

Ingredientes

- vodka
- zumo de naranja
- zumo de melocotón
- hielo

Preparación

Llena un vaso chulo con hielo, pon el vodka, el zumo de naranja y el de melocotón y remueve suavemente mientras romantizas tu vida y el drama. Y ahora tienes que beberte como unos cuatro o cinco, y verás que a medida que te los tomas se te va pasando el agobio. Funciona superbién. Peeero no es muy recomendable hacerlo, por eso traemos este capítulo.

Hemos visto que no tienes que meter miedo a la audiencia para que te escuchen. Que no siempre funciona. Y que dentro de las herramientas de concienciación climática, es importante no solo aportar datos, sino también apelar a la parte emocional del cerebro, por ejemplo, a través de historias que toquen la emoción y empaticen con la audiencia. Es decir, proporcionar los datos suficientes para satisfacer la parte racional de nuestro cerebro, pero de una forma que enganche a la parte emocional (cultura, proximidad, experiencias, inmediatez...).

Ahora bien, nosotras vemos otra barrera. Muchas de las campañas climáticas tienen un enfoque negativo, aunque no busquen provocar el miedo, porque los meros datos tal cual son en sí terroríficos y ponen al mundo en una situación horrible. Por ejemplo, mira las últimas noticias de *Climática* (periódico dedicado al medio ambiente y a la crisis climática):

Son todas noticias del mismo día, del 30 de mayo de 2023. Tenemos amenazas al océano, el mal estado de los acuíferos en España, oleadas de negacionismo y ciudades que pretenden frenar la legislación contra la contaminación en nuestras ciudades. Normal que la gente no se enganche al tema, si es que todas las noticias relacionadas son terribles...

Pero la realidad es que en el mundo pasan cosas horribles todo el rato, y las empezamos a normalizar mientras hacemos malabares para salir adelante. Trabajar precariamente con un salario injusto, horas extra no pagadas, lidiar con un transporte público amenazado por la nueva ola política, llegar a tiempo a hacer la compra, prepararte tus táperes del día siguiente, cuidar de tu salud mental y física con algún tipo de deporte o *hobby*, gestionar tus relaciones personales si queda algo de

ÚLTIMAS NOTICIAS

La amenaza de la minería marina en el Pacífico, entre las noticias de este martes

CLIMÁTICA 30 mayo 2023

El mal estado de los acuíferos en España, entre las noticias de este lunes

CLIMÁTICA 29 mayo 2023

El negacionismo como estrategia política en la campaña electoral

GEMMA TESO 26 mayo 2023

Madrid y Catalunya se alían para rebajar la norma europea contra la contaminación, entre las noticias de este viernes

CLIMÁTICA 26 mayo 2023

tiempo... No nos imaginamos ya cómo debe de ser si a esta ecuación le añades familia/cuidados/personas que dependan de ti. Es un reto pedirle a la población media, fuera de la burbuja verde ya concienciada, que metan con calzador la concienciación de la crisis climática en todo esto. Sí, aunque sea la crisis de las crisis y toque todos los aspectos y preocupaciones de nuestra vida diaria, hay que hacerlo entender de la manera correcta para que no se cierren en banda. Al fin y al cabo, bastantes cosas tienen ya encima mucho más urgentes.

Nosotras creemos que esto lo que necesita es mucha empatía, y un enfoque superpráctico. Biniek-Tobasco y colaboradores señalan que es imprescindible conectar las acciones individuales con el cambio global que necesitamos. Hay que comunicar acciones muy explícitas y explicar bien sus beneficios para incidir en la motivación individual, y emplear enfoques de esperanza y no de miedo para cambiar los comportamientos. Además, si miramos las conclusiones del estudio de Yale «Program of Climate Change Communication», además de lo que ya hemos visto que funciona a la hora de activar con un mensaje (entender el impacto del problema en la persona, reconocerlo en nuestra área local, poder colocarlo en el tiempo como algo actual), se incluye también el sentimiento positivo, a mayor o menor nivel, sabiendo qué ganamos y no solo lo que perdemos.[1]

Hasta el lenguaje que usamos para hablar de la crisis climática es negativo. Durante todo este libro hemos estado usando «crisis» y «emergencia». Porque, a ver, es lo que es, estamos ante una crisis y una emergencia climáticas. Pero si reflexionamos, las personas no es que reaccionen superbién ante estos términos. O al menos, es lo que demuestra aquel estudio de Yale. Y la gente de Yale se supone que es listísima. Es tan lista que hasta han demostrado que, en Estados Unidos (a ver cuándo en otras

1. Yale Program on Climate Change Communication, «Overview of Key Psychological Lessons and Policy Advice», <https://climatecommunication.yale.edu/visualizations-data/overview-of-key-psychological-lessons-and-policy-advice/>.

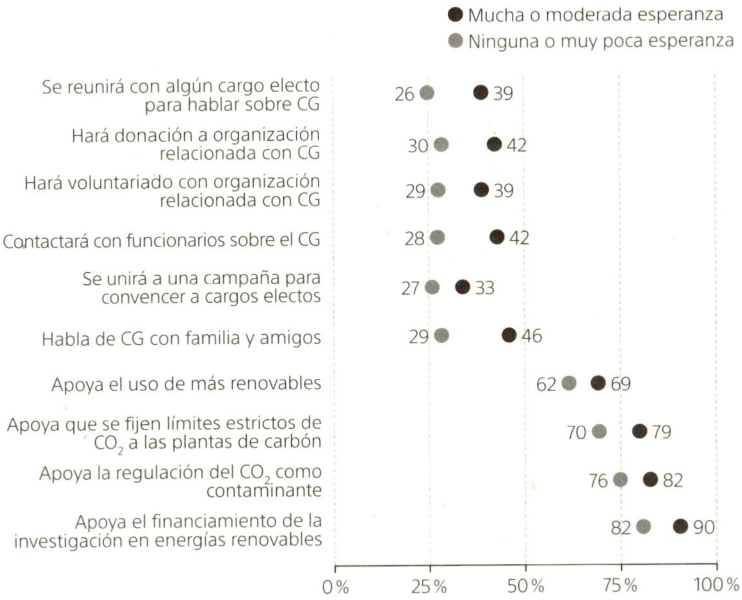

Gráfico 4. Esperanza vinculada al compromiso con el calentamiento global (CG). Fuente: Ballew, M., Marlon, J., Maibach, E., Gustafson, A., Goldberg, M., & Leiserowitz, A. (2018) «Americans are More Worried about Global Warming, and Show Signs of Losing Hope». Yale University and George Mason University. New Haven, CT: Yale Program on Climate Change Communication.

partes del mundo), la preocupación por la crisis climática aumenta, pero también la desesperación. Cuanta más gente es consciente del problema, más se pierde la esperanza por encontrarle una solución.[2] También descu-

2. Yale Program on Climate Change Communication, «Americans are More Worried about Global Warming, and Show Signs of Losing Hope», <https://climatecommunication.yale.edu/publications/americans-are-more-worried-about-global-warming-but-show-signs-of-losing-hope/>.

bren que cuanto más esperanza tiene la gente, será más probable que traten de concienciar a otros, y de que apoyen políticas climáticas.

Lo que desde luego no nos gusta es usar la palabra «cambio», porque siempre se nos ha dicho que la vida es cambio, que tenemos que adaptarnos a los cambios..., y nos da la sensación de que inconscientemente parece que tenemos que adaptarnos a este también, cuando lo que queremos es evitarlo. Igual que tampoco nos gusta «calentamiento» global porque, además de llevar a confusión (esto no es solo que vaya a hacer más calor en el planeta y que entonces si hace frío es que no estamos tan mal), ¿a quién no le gusta el calorcito?

Está claro que si seguimos usando «crisis» o «emergencia» debe ir acompañado por un tono positivo, además de mensajes con los que empatice la audiencia. Si nos fijamos en el mundo de la publicidad, las campañas más exitosas son aquellas que te evocan algo positivo, y con las que empatizas. ¿Por qué si no los anuncios de Campofrío, como el de las madres de Navidad, o los de Nike con «Just Do It» tienen tanto éxito? Porque la audiencia a la que va dirigido empatiza. Hay un final feliz. Un tono positivo además de emoción. Sientes cosas. Cualquier persona se motiva para hacer deporte después de ese anuncio, y quizá no todos tenemos madre, pero desde luego nos ha parido. Al fin y al cabo, como George Marshall señala en su libro *Don't Even Think About It*, Martin Luther King Jr. dijo «tengo un sueño» y no «tengo una pesadilla».

En un estudio publicado en la revista *Nature* en octubre de 2022 examinan el efecto de diferentes encuadres de comunicación climática en personas que no están demasiado concienciadas en la crisis climática en distintos países (China, Alemania, el Reino Unido, Estados Unidos e India). Entre las conclusiones, se demuestra que en China, el Reino Unido y Estados Unidos un enfoque positivo en la comunicación incrementaba el apoyo a políticas climáticas, mientras que en Alemania ocurría lo contrario, que el enfoque negativo provocaba más apoyo a las políticas contra la crisis climática.[3]

Un caso de éxito usando esta estrategia que es un *canteo* es la cuenta de nuestro amigo Javier Peña: Hope! (@hope_videosparaelcambio). Seguro que te has cruzado con sus vídeos alguna vez. Javier nos comentaba que, desde que ha empezado a publicar contenido enfocado en soluciones, ha crecido su *engagement* una barbaridad. Si cotilleas su perfil, verás vídeos con títulos como «La revolución eléctrica», «Parecía imposible», «Así cambia el mundo» o «Un ejemplo a seguir», que, al contrario de sus vídeos más antiguos, priorizan los mensajes positivos y los ejemplos reales de acciones que contrarrestan el cambio climático. Así, habla del problema demostrando a su vez que también hay personas actuando con proyectos reales y que funcionan. Incluso cuando son vídeos llamando la atención sobre un problema, como la pérdi-

3. *Nature*, «Positive, global, and health or environment framing bolsters public support for climate policies», <https://www.nature.com/articles/s43247-022-00571-x>.

da de biodiversidad, acaba siempre con un tono de esperanza, o con acciones reales que podemos tomar para aportar nuestro grano de arena. También tenemos otros ejemplos, como el de Earthrise Studio (@earthrise.studio), del que estamos enamoradas: además de crear contenido muy *aesthetically pleasing*, mezclan mensajes positivos y de llamada a la acción tanto individual como colectiva, trabajan con activistas de todo el mundo y han creado una comunidad chulísima que nos tiene completamente obsesionadas. Jack, Alice, si alguna vez nos leéis, que sepáis que os queremos. ¡Os queremos a todas!

Quizá te parezca poco significante, al ser «solo» unas cuentas de redes sociales, pero a nosotras nos demuestra que la estrategia funciona. O al menos que vamos bien encaminadas. Comunicar a través de la esperanza, no de la desesperación. Usar el buen rollo y no el drama. Este parece el camino para llegar más allá de «la burbuja verde» a aquellas personas que sí, que reconocen la crisis climática y no niegan la ciencia, pero tampoco empatizan demasiado con el tema ni se ven demasiado envueltos en la causa. Y es que si encima lo llevamos al terreno del día a día, de los beneficios que vamos a experimentar luchando contra esta crisis, mejor que mejor. Porque a eso también nos referimos con comunicar en positivo: hablar de los beneficios de cumplir con el acuerdo de París y frenar el calentamiento global a 1,5 °C o 2 °C. Mantener un planeta habitable nos parece bastante beneficioso en sí mismo, pero como es complejo, suena lejano y nos es difícil empatizar, podemos hablar de los beneficios que representa en nuestro día a día.

- Mejoras en nuestra salud (evitar otra pandemia nos parece una pasada, pero también nos podríamos ahorrar alergias que están relacionadas con la crisis climática).
- Éxito en el mercado laboral, con todos los trabajos que surgen de la transición energética, por ejemplo.
- En nuestra economía del hogar (hasta viviendo en una casa bien aislada ahorramos pasta).
- Ahorro en la factura de la luz (en España, la fuente de electricidad más cara marca la factura, y en nuestro caso es el gas, un combustible fósil).
- Mejora en nuestra calidad de vida y ocio (nadie puede irse de terrazas a 50 °C a la sombra).
- Un mejor y productivo sistema alimentario.
- Y un largo etcétera.

Es decir, por un lado tenemos que apelar a las consecuencias climáticas que vaya a experimentar nuestra audiencia, los impactos que van a vivir o que ya viven en su día a día, y por el otro, hablar de las consecuencias positivas y las soluciones disponibles a su alcance para mitigar el peor escenario. Como una balanza, teniendo cuidado de no pasarnos en hacer feliz a la gente siendo seres mágicos «del país feliz de la casa de gominola de la calle de la piruleta» (Homer Simpson), porque hay que seguir comunicando la realidad con sus datos correspondientes para, por ejemplo, evitar que se extiendan las típicas narrativas del tipo que «la tecnología nos salvará» con máquinas que absorben CO_2, sin criticar al mismo tiempo que la mejor maquinaria es la naturaleza y que lo que tenemos que hacer es reflexionar sobre el sistema bajo el que vivimos, que se sustenta en su destrucción. Esperamos que esto último que estamos diciendo tenga sentido. Y si no tiene mucho sentido, te ponemos como ejemplo otra cuenta de Instagram que nos encanta: @environment (de @impact). Mezcla contenido positivo con noticias y datos reales que dan un poco de mal rollo, pero en el cómputo global de esta ensaladilla rusa de noticias climáticas no te deja mal sabor de boca. Vamos, al menos no se lo deja a los más de ochocientos mil seguidores que tienen.

Lo mejor de utilizar un tono positivo es que lo puedes enmarcar de mil maneras atractivas. Mientras que una campaña basada en el miedo deja poco espacio para la creatividad (después de los cachorritos muriendo, ¿qué nos queda?), los demás enfoques más animados te dan un sinfín de posibilidades. Por ejemplo, estamos escribiendo este libro durante el auge de la historia de la orca Gladis y su séquito de orcas vengativas hundiendo yates, y ya podemos ver campañas[4] alrededor de la temática que, en vez de enfocarse en la pérdida de especies y el impacto que esto puede tener en el ecosistema, aprovechan para criticar el capitalismo y unirse al *team* Orca del que nosotras, por supuestísimo, formamos parte.

Otra campaña que nos flipa por el tono, la sátira, el ángulo, el humor (que no sabes si estás riendo más por no llorar) es la campaña de League of Conservation Vo-

4. <https://twitter.com/ScaredMeeseeks/status/1663266333822423040>.

ters de 2020, donde hacen que los líderes de la industria fósil hablen a la audiencia y, bueno, dejen en evidencia lo que piensan sobre la crisis climática y cómo vamos a lidiar con ella nosotras (que no ellos, los millonarios). Puedes verla aquí:

Simplemente, *slay.*

Ahora que conocemos la movida y cómo comunicarla, ¿qué más podemos hacer?

11. LA EUROVISIÓN DEL CLIMA

Canción de la *playlist*:
«SloMo» - Chanel

Viralrita (versión moderna de los margaritas)

Ingredientes

- tequila
- zumo de lima
- sirope de agave

Preparación

Mezcla el tequila, el zumo de lima y el sirope de agave. Sirve en un vaso con sal en el borde, bien sabroso como tú, siéntate y mándalo todo a la verga.

Recuerda que en la COP26 en Glasgow, México ofreció tequila a otras naciones si se alcanzaba un consenso sobre el cambio climático.

Es difícil de creer que los gobiernos lleven tan poco tiempo trabajando para solucionar la crisis climática.

Cuesta creerlo, porque no es verdad.

Llevan muchísimos años dándole vueltas al tema.

Y es una mierda.

Antes de empezar, un pequeño inciso: Este capítulo no sería lo mismo sin la eterna sabiduría y grandeza de nuestras compañeras Marina Aizen, Laura Rocha y Pilar Assefh, autoras de *(Re)Calientes*. En especial, eternamente agradecidas a Pilar (@pilarassefh) con este tema, por ser nuestra gurú y *crush* de la geopolítica climática y cada día la de más gente. Un beso a todas desde aquí, reinas.

Bueno, seguimos.

La primera vez que las Naciones Unidas (mejor usemos la abreviatura ONU, que si no, no acabamos el capítulo en la vida) se reunieron para hablar de la pérdida de los recursos naturales, no fue por su conservación. Fue para ver cómo podíamos seguir extrayéndolos por la economía y el progreso. Juramos que es verdad, la propia ONU lo cuenta.[1] Ocurrió en el año 1949, y fue el órgano científico de la ONU a quien primero le preocupó cómo podíamos seguir estirando el chicle de los recursos naturales, reconociendo que eran recursos limitados. Aunque no fuera por las razones que nos gustarían, habrá que darles un minipunto por, al menos, ser conscientes de las leyes de la física (que no es algo muy común hoy en día).

No fue hasta el año 1968 cuando los problemas medioambientales empezaron a llamar de verdad la atención de la ONU, y en 1972 se celebró la primera Cumbre de la Tierra en Estocolmo. Estamos convencidas de

1. ONU, «From Stockholm to Kyoto: A Brief History of Climate Change», <https://www.un.org/en/chronicle/article/stockholm-kyoto-brief-history-climate-change>.

que fue gracias a Jane Fonda, pero esto sí que no lo hemos encontrado en su web. Aquí se habló del cambio climático por primera vez, aunque dentro de un apartado sobre la identificación y control de contaminantes de importancia internacional, no como una crisis global. Se advertía a los gobiernos de que debían tener en consideración las actividades que provocasen este cambio climático dentro de otras acciones para proteger el medio ambiente en general.

Recordemos que las petroleras eran conscientes de la movida climática desde más o menos la misma época que esa cumbre de Estocolmo. Pero entre unas cosas y otras (ejem, *lobby*), no fue hasta 1992 en la Cumbre de la Tierra de Río de Janeiro cuando el cambio climático empezó a ganar más importancia y tener su propio lugar en el mundo de la política internacional, y dejó de ser tratado como algo solo relacionado con la contaminación atmosférica. El tratado final de esta cumbre tenía como objetivo estabilizar las concentraciones de gases de efecto invernadero en la atmósfera para evitar una interferencia humana peligrosa en el sistema climático. Pero esto no es lo importante. La clave de esta cumbre es que de ahí nació la Convención Marco de las Naciones Unidas sobre el Cambio Climático (o CMNUCC, un nombre que parece muy difícil, pero es fácil de aprender, sobre todo si lo dices como si fueras una animadora de los Wildcats de Albuquerque).

Con el tiempo, la CMNUCC consiguió que casi todos los países se apuntaran —menos a los que el FOMO no les afecta— sumando 197 países o «Partes» de la convención, como se los conoce en el mundillo. Así, los representantes de estos países o «Partes» se reúnen todos los años para ver cómo ponerle solución a esto de la crisis climática, estabilizando las emisiones de gases de efecto invernadero y protegiéndonos a todas las que estamos y las que vendrán de este desastre. No estamos seguras de si estas reuniones incluyen *outfits* a juego, pero deberían.

Como se explica en *(Re)Calientes*,[2] hay dos momentos clave para la CMNUCC: la Reunión Intersesional, siempre en Bonn (Alemania), y la Conferencia de las Partes (COP), que va cambiando de lugar y que quizá te suene más. La COP empezó en 1995 en Berlín, y ocurre todos los años, alternando la localización por continentes.

Es como la Eurovisión del clima. Si Eurovisión durase dos semanas y se pudiesen negociar los resultados (aunque en realidad eso ya se hace un poco).

Para empezar, aquí también hay votaciones. Cada Parte (o país) tiene su voto, que vale igual seas quien seas. Esto quiere decir que da igual que seas una superpotencia mundial o un país pequeño: los votos tienen el mismo valor. Pero al contrario que en Eurovisión, no solo están los votos del jurado y del público, de hecho, no hay jurado, si no otra cosa más gorda: el consenso. A pesar de los votos, todos los países tienen la misma capacidad para decir «no», y vale tan solo una objeción para no seguir adelante. Esto más que a Eurovisión, nos recuerda a *Shrek*. Basta con que un invitado a la boda no esté de

2. Marina Aizen, Pilar Assefh y Laura Rocha, *(Re)calientes*, Siglo XXI Editores, 2022.

acuerdo con el casamiento para chillar en medio de la iglesia «Yo objeto» y bloquear toda la ceremonia. Y ya ni boda, ni barra libre, ni nada.

Esto puede ser muy bueno o muy malo, según los intereses del que objete. En el caso de *Shrek* fue buenísimo. ¿Te imaginas que Fiona se llega a casar con lord Farquaad? *Girrrrrrl.*

Aparte de por el sistema de votos, las COP son la Eurovisión del clima porque cuentan con público y, por tanto, *fandom*. No solo los negociadores van a este evento, si no que el *fandom* climático también está invitado a asistir. Periodistas y sociedad civil (esta última técnicamente llamada «observadores») tienen las puertas abiertas para asegurar transparencia y *engagement* mundial. Por eso, en estas COP puedes ver que van desde responsables de diferentes ONG, a empresas y también activistas, a cualquier individuo que entre en la categoría de periodista o sociedad civil y consiga un pase (y alojamiento, que suele llenarse). Hay personas muy fans que acuden todos los años, porque no solo estás ahí en el meollo, sino que es una oportunidad fantástica para hacer *networking*, meter presión o enterarte de las novedades de cada país.

Porque la COP es un eventazo. Suele celebrarse en un pabellón gigante capaz de albergar a mucha gente junta, con sus aseos y sus cantinas, además de miles de estands y salas de reuniones, donde conseguir cafés y cosas gratis. Porque los negociadores pueden tardar días y días en llegar a alguna conclusión, así la espera es más amena.

Pero la base de este eventazo, y que aparece en el texto fundamental de la convención, es que la responsabilidad de proteger a las generaciones futuras y presentes es común, pero diferenciada según sus respectivas capacidades. O sea, que la responsabilidad no es igual. Las Partes que sean países «desarrollados» deben tomar la iniciativa en combatir la crisis climática por la responsabilidad que les trae en comparación con los países «en vías de desarrollo» porque no han contribuido en el problema de la misma manera.

Imagínate un piso compartido de estudiantes en Malasaña. Bueno, a ver, tampoco necesitamos que sea tan guarro. Simplemente necesitamos que contenga a mucha gente y algo de suciedad. Sería injusto pedirle a quien siempre friega sus platos que lave los platos sucios de los demás, sobre todo si este usa lo justito y necesario, mientras que los demás usan toda una vajilla de la Cartuja de Sevilla para comerse unos macarrones precocinados. Tienen más responsabilidad de limpiar aquellos que han ensuciado mucho más, ¿verdad? Porque decir «el problema es de todos», es pasar por alto a quienes nos han llevado a esa situación.

Los países «en vías de desarrollo» no han emitido los mismos gases de efecto invernadero durante años que los países desarrollados. En la crisis climática, no es igual de responsable un país insular del Pacífico como Tuvalu que Estados Unidos, responsable del 20 % de las emisiones acumuladas en la atmósfera y segundo país más emisor por detrás de China. De ahí que sean «responsabilidades comunes, pero diferenciadas» dentro de la CMNUCC. Por desgracia, aunque seas un país más o menos responsable, estamos todas metidas en el marrón. Y de manera muy injusta. Los que menos hicieron, y menos se han beneficiado del sistema que nos ha llevado a este jaleo, son los que peor parados están saliendo.

El primer tratado internacional contra el cambio climático se construyó sobre esta base, aunque desde que se firmó en 1997 hasta que entró en vigor en 2005 pasaron ocho años (en ese periodo a Leo DiCaprio le dio tiempo a hacer *Titanic*, buscarse varias novias menores de veinticinco y sacar *El aviador*, o sea, que mucha prisa tampoco tenían). Hablamos del Protocolo de Kioto, y como estaba basado en este tema de la responsabilidad internacional, dividió a los países en dos: los que tenían que ponerse las pilas contra el cambio climático, y los *voyeurs* que básicamente tenían que sentarse a mirar, porque el tratado acordaba que para 2008-2012 las emisiones de gases de efecto invernadero debían reducirse un 5 % respecto a los niveles de 1990.

El primer equipo o «Anexo I» lo formaban países de la Unión Europea, Canadá, Japón, Rusia..., y cada uno era responsable de un porcentaje dentro de la parte a reducir. Como dividir un trabajo de clase por partes, porque, por ejemplo, Hungría era responsable de un 6 %, mientras que Nueva Zelanda se comprometía a una variación cero, ni a subir ni a bajar. En el equipo de *voyeurs* o «no Anexo I» estaban los «países en vías de desarrollo». Aquí, por ejemplo, entró China, que, como país *voyeur*, no tenía esa responsabilidad de frenar la crisis climática y podía seguir a lo suyo, solo habían venido a mirar un poco. Esto luego será importante que lo sepas, ciela.

De momento sigamos con el tema de los acuerdos internacionales. Para entrar en un acuerdo como el de Kioto, no basta con votar y ya está. Se necesitan tres cosas:

1. Inscribirte en el momento y en el lugar.
2. Una firmita de la máxima autoridad del país o su representante.
3. La ratificación del Poder Legislativo.

No es muy difícil. Pero sí que lo es.

Durante un tiempo, Estados Unidos, liderado por el señor Bill Clinton (también conocido como el marido de Hillary), estuvo simbólicamente dentro de Kioto, porque aunque en el momento dijeron que sí y tiraron pa'lante, el Senado nunca lo ratificó. Y George Bush, el señor que lideró el país después, se bajó del carro oficialmente en 2001,[3] antes de que el tratado entrase en vigor. Nuestros queridos Estados Unidos le hicieron *ghosting* al Tratado de Kioto y, por tanto, al clima, porque según el señor Bush «haría daño a la economía». Gracias por tanto, Jorge.

Otros países también se sumaron a Estados Unidos en hacerle *ghosting* al Tratado de Kioto, pero esa se considera la razón de su fracaso. Otros sí cumplieron lo acordado, como la Unión Europea. ¿A que esto no te lo esperabas? Pues sí. Esto fue, en parte, gracias a los chanchullos

3. *The Guardian*, «Bush kills global warming treaty», <https://www.theguardian.com/environment/2001/mar/29/globalwarming.usnews>.

que se inventaron para cumplir lo acordado, como los mecanismos de mercado para el carbono: una manera para que los Estados miembros se ayudaran entre sí a cumplir esos objetivos, convirtiendo los derechos de emitir en un bien que se pudiera comprar y vender —inciso, se refieren al carbono porque el CO_2 es el gas de efecto invernadero más predominante en la atmósfera, no porque fuera el único con el que comercializar—.

Parece complejo, pero en realidad no es muy distinto de hacer la compra en el Mercadona. Los objetivos de reducción de emisiones a los que cada «país desarrollado» (Anexo I) se comprometía para 2008-2012 se trataban como «emisiones permitidas» (técnicamente conocidas como «cantidades asignadas») divididas en «unidades de cantidad asignadas» con las que hacer el trapicheo si era necesario. Es decir, si un país iba a emitir menos emisiones de su límite asignado, podía vender esa cantidad sobrante a un país que se iba a pasar del límite por un módico precio asignado por el mercado. O sea, que los países que sí estaban frenando la crisis climática en vez de emitir más podían ganar dinero vendiendo esas emisiones a los que no estaban cumpliendo su cometido, y así que emitieran esa cantidad por ellos. *El lobo de Wall Street* en plan clima, amigas.

Las emisiones no era lo único que podía comercializarse. Si un «país desarrollado» financiaba proyectos que absorbieran CO_2 en su territorio, como un proyecto de reforestación, también contaba como créditos al ser emisiones almacenadas. Estos créditos eran conocidos como *Removal Units* (RMU). Había más tipos de créditos, como los que se daban en forma de reducción de emisiones, consistentes en proyectos de colaboración entre dos países. Lo que solía ocurrir era que un país desarrollado realizaba el proyecto en otro en vías de desarrollo por razones económicas, ya que le salía más rentable invertir, por ejemplo, en un proyecto de instalación de energía renovable en un país en vías de desarrollo, y luego reclamar el crédito como propio, aunque no fuera en su territorio. Todo esto puede sonar prometedor, pero la realidad es que, finalmente, los precios nunca hicieron a los mercados competitivos.[4]

Mientras tanto, en 2012 durante la COP18 de Doha, se acordó otro periodo de compromisos que transcurriría de 2013 a 2020, con el objetivo de reducir los gases de efecto invernadero en un 18 % en cuanto a los niveles de 2019. Este acuerdo, la Enmienda de Doha al Protocolo de Kioto, entró en vigor el 31 de diciembre de 2020, justo el día que finalizaba. Real. Un acuerdo totalmente inútil, y que solo se incluye en la historia porque sentó las bases para el famosísimo y chulísimo Acuerdo de París de 2015.

Pero antes de irnos a París, hablemos de Copenhague. Como si fuéramos Mr. Worldwide. La COP15 de Copenhague en 2009 fue una experiencia traumática para la burbuja verde porque, al principio, todo era fantasía. No era la Eurovisión del clima... Era el Coachella del clima. El momento para acabar con la crisis climática. Todas

4. Marina Aizen, Pilar Assefh y Laura Rocha, *(Re)calientes*, Siglo XXI Editores, 2022.

las esperanzas de la humanidad estaban puestas en ella. Tanta era la expectación, que hasta las Naciones Unidas hicieron circular una campaña producida por las mejores agencias de publicidad del mundo, «Hopenhagen»[5] (un juego de palabras entre *hope*, esperanza, y el nombre de la ciudad anfitriona), que fue presentada hasta en el Festival de Cannes. Era el momento de decidir el camino de la humanidad. Finalmente acabó siendo conocida como Brokenhagen (Roto-*hagen*, en inglés)... Con eso te lo decimos todo.

Fue como salir de fiesta un fin de año en Madrid: salió mal todo lo que podía salir mal.

Los países desarrollados se negaban a adoptar medidas de reducción de emisiones más estrictas para 2020. Los países en vías de desarrollo exigían su derecho a desarrollarse como los desarrollados. Y los más vulnerables de todos exigían básicamente su derecho a sobrevivir, limitando el calentamiento global a 1,5 °C. Países como China o Estados Unidos bloqueaban los avances en las negociaciones, cuestionaban acuerdos previamente adoptados como Kioto, se echaban la culpa los unos a los otros sin verdaderamente juntarse para avanzar. Desgraciadamente, los intereses políticos de cada parte superaron la necesidad de conservar un planeta habitable (¿que yo voy a emitir menos mientras este emite más y dejo que desarrolle su economía más que yo? ¡Por encima de mi cadáver!). Además, ten en cuenta que esta

5. *The Guardian*, <https://www.theguardian.com/media/2009/jun/23/hopenhagen-climate-change-campaign>, 2009.

COP se celebró justo tras la crisis económica de 2008. Nadie se escuchaba, la gente acabó llorando por las esquinas, perdiendo el móvil y con el abrigo empapado de ginebra de garrafón... Un puto drama.

Por suerte, de todas las cumbres COP siempre sacamos algo positivo. En Copenhague también. China, Sudáfrica, India, Brasil y Estados Unidos negociaron un acuerdo para destinar 30.000 millones de dólares al año entre 2010 y 2012 a los «países no desarrollados» para que pudieran mitigar y adaptarse a la crisis climática, y 100.000 millones de dólares anuales hasta 2020. Este tipo de acuerdos se conocen como finanzas climáticas, y se estuvo hablando de ello en la COP27 de Egipto de 2022, donde, por cierto, todavía no se había visto ni un duro.

Vamos por partes.

Tras Copenhague las negociaciones siguieron, como cada año, poco a poco, y se fueron avanzando cositas, hasta llegar a 2015, el año en que tendría lugar la COP21 de París, que prometía cambiarlo todo. Y lo hizo. El Acuerdo de París adoptado durante esta convención fue rompedor. No era perfecto, pero sí era factible. Y de llevarlo a cabo, sí frenaríamos la crisis climática. Sin miedo al éxito.

El Acuerdo de París buscaba limitar el aumento del calentamiento de la superficie global terrestre a 1,5 °C en este siglo (nos encanta lo de este siglo, en plan, dejemos de procrastinar, por favor), dirigiéndonos a un mundo neutro en carbono en 2050. Para eso, absolutamente todos los países debían lograr ser neutros en carbono (bien porque no emiten nada, o bien porque compensan sus emisiones). Además, la gran cantidad de dineros de Copenhague no solo se mantenía, sino que se ampliaban a 100.000 millones de dólares al año hasta el 2025.

De esta manera, cada país proponía las medidas o «Contribuciones Intencionadas Determinadas a Nivel Nacional» que estaba dispuesto a implementar para lograr este objetivo. Una vez que se aprobó el texto del acuerdo, estas medidas pasaron a llamarse «Contribuciones Determinadas a Nivel Nacional» (en la jerga climática se conocen como NDC, en inglés) al aprobarse por consenso el texto. Y lo mejor de este acuerdo con estas medidas es que no se aprueban y se olvidan, sino que se revisan periódicamente, como las reuniones con un tutor del TFG. Estos planes se actualizan cada cinco años para incrementar su ambición (o esa es la idea), evitando pasar ese límite del 1,5 °C.

Desde que se aprobó el Acuerdo de París en diciembre del 2015, se firmó en 2016 y entrase en vigor en 2020, sucedieron algunos dramas, como que Trump amenazara con irse cuando llegó al poder, pero no fue tan fácil como salirse de Kioto, y para cuando se hizo efectivo, llegó Biden y se volvió a meter, pero finalmente llegamos a la COP de Glasgow. Esta cumbre de Escocia prometía también, no tanto como París, pero sí como para que se cerrara el libro de reglas y dar vida al cien por cien al Acuerdo de París donde los países aumentarían la ambición climática. Alerta de spoiler: no pasó.

Quizá fuera por las tensiones de la pandemia, porque al fin y al cabo, estas negociaciones son geopolítica pura, pero el caso es que la COP26 fue (otra) gran decepción:

- Solo 86 países (entre ellos la UE) habían revisado sus planes.
- Aun así, dirigían al mundo a un calentamiento de 2,4 ºC (muy lejos del 1,5 ºC).
- Los 100.000 millones de dólares prometidos seguían sin aparecer. LOL.

Pero también hubo alguna cosa buena. Por primera vez en todos estos años, se llegó en Glasgow a un compromiso para dejar de utilizar carbón. Pasito a pasito, un combustible fósil menos. Que ya era hora, la verdad.

A nosotras, que fuimos juntas a este evento gracias a Intermón Oxfam (un besi desde aquí), nos gustó mucho también ver la cantidad de saraos que ocurren en estas convenciones. Desde movilizaciones multitudinarias, eventos donde les sacan los colores a los políticos, hasta coaliciones de grupos indígenas para meter más presión. Al final, como las COP tienen que estar abiertas a periodistas y sociedad civil, también son un punto de encuentro para todas esas personas que se dejan la piel por la causa. Y también para invadir todos los medios de comunicación posibles. Son dos semanas dedicadas a la crisis climática, y moló mucho ver cómo se aprovechan, pero bien, negociadores aparte.

Con esta premisa, al año siguiente en la COP27 en Egipto, los grandes emisores debían tener esos planes revisados. Algo de dinero se moviliza, pero no se acercaba ni de lejos a lo prometido. Y la guerra de Ucrania era la excusa perfecta para no hacer los deberes. Sin embargo, en estas dos semanas de negociaciones se llegó a un acuerdo para pagar esos dineros que no llegan y que son necesarios para que los países más afectados por esta crisis climática puedan defenderse y recuperarse. Lo fuerte es que en vez de dar dinero para todo, se separa una cantidad para que estos países se defiendan y otra cantidad para recuperarse gracias a este fondo de pérdidas y daños. Ahora queda lo difícil: ¿quién empieza a hacer los bízums?

Para ir más allá y que no todo fuera dinero, algunos países como India pusieron sobre la mesa el tema de los combustibles fósiles, para ver si vamos dejando de utilizarlos, al igual que se comprometieron con el carbón. Lo cual tiene mucho sentido porque la quema de estos materiales es lo que nos ha llevado a este punto. Pero, amiga, no coló. El tema de los combustibles fósiles para muchos asistentes de las COP es un tema tabú. Básicamente porque les interesa estirar el chicle hasta el final. Y hay mucha gente tratando de que esto siga así. Fue una de las cosas que más nos llamaron la atención de las últimas cumbres. En Egipto, se calculó que hubo más de 600 asistentes pertenecientes al *lobby* de los combustibles fósiles, un 25 % más que en Glasgow.[6] Más lobistas

6. *The Guardian*, «'Explosion' in number of fossil fuel lobbyists at Cop27 climate summit», <https://www.theguardian.com/environment/2022/nov/10/big-rise-in-number-of-fossil-fuel-lobbyists-at-cop27-climate-summit>.

que representantes de países en un evento donde las negociaciones son clave. No nos imaginamos el número que nos encontraremos en la siguiente COP28 que se celebrará nada más y nada menos que en Dubái. Para cuando se publique este libro esa cumbre ya habrá ocurrido, así que dejamos a las Car y Belén del futuro que te cuenten con qué se sale de Dubái.

Quizá te choque el lugar, pero, como estas cumbres deben turnarse de país, ya que quien lo hospeda también actúa como mediador de las negociaciones, lo justo es que se vaya cambiando. Y, por desgracia, no todos los países cuentan con la capacidad ni el espacio para gestionar la logística de un evento como este. Vaya, que los primeros días en Egipto casi no había ni agua ni comida. Menos mal que en el aeropuerto de El Cairo no le confiscaron a Car las miles de barritas de proteína vegana que se llevó por si acaso.

Durante todo este capítulo es posible que te hayas estado preguntado qué pasa cuando no se cumplen los planes, los acuerdos, los tratados, los textos. Pues bien, sí que hay consecuencias, pero son políticas.

Políticas.

Ni consecuencias jurídicas ni penales.

Políticas.

Porque, amigas, lo fuerte es que nada de esto tiene peso legal. Todo es realmente voluntario. No hay ninguna consecuencia si los países no llegan a alcanzar sus compromisos.

Tiene literalmente la misma validez que cuando los niños juegan a casarse en el patio del colegio.

El sistema no es perfecto. Hay lobistas, no hay castigos, hay postureo, y no hay la acción necesaria, pero es lo mejor que tenemos. Nosotras pensamos que decir que estas cumbres no sirven para nada y desvincularse del tema es precisamente lo que los *lobbys* de combustibles fósiles quieren que hagamos. Es tirar por tierra todo el trabajo y la lucha climática de activistas con renombre, científicos encarcelados, todas esas personas anónimas que luchan y pierden la vida por mantener un planeta habitable.

No nos podemos permitir que ganen.

No nos sale del coño.

12. ENTONCES ¿TENEMOS HIJOS O NO? HASTA QUÉ PUNTO LAS ACCIONES INDIVIDUALES CUENTAN

Canción de la *playlist*:
«Levitating» - Dua Lipa, Madonna, Missy Elliott & Blessed Madonna

Vermut pos que critiquen

Ingredientes

- vermut rojo
- zumo de naranja
- un chorro de sifón

Preparación

Vasito con hielo, le pones el vermut, sirves el zumo de naranja, chorrito de sifón y a pensar en que si la gente que critica a otros por no hacer suficiente dedicaran ese tiempo a hacer cosas, el mundo iría mucho mejor.

Siempre que nos preguntan por alternativas y pequeñas acciones que la gente puede hacer en sus casas les damos las típicas: dejar de comer tanta carne, reducir el uso de materiales, viajar más en transporte sostenible, votar es superimportante y megafácil... Hay un millón de ejemplos, y sobre todo un montón de cuentas en todas las redes sociales que se encargan de divulgar estos *tips* que puedes aplicar a tu estilo de vida, y ver cuáles pruebas, cuáles te quedas y de cuáles pasas porque ahora mismo no puedes con todo.

Como extra y una gran referencia para nosotras a la hora de cuidar el planeta son las abuelas. Las yayas son las verdaderas influencers de sostenibilidad, y ni lo saben.

¿Quién inventó la bolsa de bolsas de plástico?

¿Quién remienda toda la ropa y además reutiliza una caja de metal de galletas danesas como costurero?

¿Quién guarda todos los botes para usarlos de táperes?

¿Quién no tira nada en su casa?

Una vez George Marshall dijo que lo que hace destacar a la crisis climática de entre todos los demás problemas mundiales es que la contribución individual puede medirse al milímetro. Y cuánta razón tiene. No nos es posible identificar, ni mucho menos medir, nuestra contribución en otros dramas del mundo como la pobreza, el terrorismo, el tráfico de drogas... Pero con la crisis climática, podemos medir con alta precisión cuánto de lo que hacemos en nuestro día a día contribuye a las emisiones de gases de efecto invernadero, e incluso podemos compararlo con la contribución de otras personas.

Igual que te decimos que esto es una crisis de personas, que han provocado las personas, que va a matar a personas, y que deberían solucionar las personas, también te decimos que hay tipos y tipos de personas, muy diferentes entre sí, de todos los tamaños y colores. Y con huellas ambientales bastante diferentes y, por tanto, con necesidades de cambios de hábitos bastante diferentes.

Evidentemente no emitimos lo mismo tú, ciela, o nosotras, que una petrolera.

Peeero sí que emites (emitimos) bastante más que el 90 % de la población del planeta. Porque si has conseguido este libro, probablemente (y enhorabuena) has nacido en un lado del mundo que está bastante bien. Eres del 10 % más rico y, por tanto, del porcentaje de personas que más emiten. Pero no te eches a llorar, porque también dentro de ese 10 % hay un 1 % que son mucho, pero que mucho más ricos que tú (y que nosotras, fijo) que emiten mucho más. De hecho, según un estudio de 2022 publicado en la revista *Nature*, este 1 % de población más rica fue la responsable de un cuarto del aumento de las emisiones globales de gases de efecto invernadero entre 1990 y 2019. No solo por su modo de consumo, dice este artículo, sino también por sus inversiones en industrias contaminantes. Ya sabes que a los ricos les va eso de invertir en petróleo y otras movidas chungas.

Y ya hemos visto cómo el *lobby* del petróleo y los combustibles fósiles se las ingenian para hacernos creer que la crisis climática era, básicamente, culpa nuestra. «Es culpa de todos» para desviar responsabilidades y atención poniéndonos a todas en el mismo saco. Cuando contamos esto en charlas, entrevistas o en nuestras propias redes sociales, a menudo surge la pregunta de si entonces no sirven de nada las acciones individuales. Que el hecho de reducir nuestro consumo de carne, cambiarnos a una renovable o no consumir tanto plástico es inútil. La verdad es que le hemos estado dando muchas vueltas al tema hasta llegar a una conclusión que es lo que queremos tratar en este capítulo (que para algo es nuestro libro, ¿no?), pero, como siempre, tú luego puedes hacer y pensar lo que te dé la gana. Esto son solo reflexiones de dos amigas de vermuts.

Seamos sinceras, las acciones individuales contra la emergencia climática (las del día a día) a veces se ven como un incordio. Porque generalmente requieren cambiar nuestros hábitos, y esto es muy difícil de gestionar. Se han escrito libros y libros y artículos y posts en Reddit sobre el tema. ¿Por qué nos cuesta tanto cambiar de hábitos? Desde los propósitos de año nuevo hasta que nos quiten nuestra marca de yogur en el súper, parece que somos seres de rutinas que se clavan en nuestros cerebros (aunque genéticamente no sea así). Quizá sea por vagas, quizá sea por no complicarnos, el caso es que el cambio es algo que generalmente cuesta. Y con los hábitos sostenibles no es diferente.

Al final, las acciones que debemos hacer para luchar contra el cambio climático requieren un cambio de hábitos, porque hemos («hemos» porque si has podido comprar este libro es que eres del porcentaje privilegiado del mundo) crecido en una sociedad capitalista. En los años setenta, ochenta y noventa nos vendieron que a mayor consumo, mayor calidad de vida, mensaje que caló mucho, comprensible después de un periodo de guerra y miseria. Nos instauramos en un sistema que va en contra de las leyes de la física, con la extracción infinita de recursos, que equivalía a una vida plena. Se consumía todo lo que antes no se podía, y era visto como un gesto de cuidado y protección familiar. Compra toda la carne que antes no se pudo consumir, porque era un privilegio. Gastar energía a raudales. Viajar en avión como nunca antes se pudo. Ir en coche a todas partes, y tener más de uno incluso. Utilizar la calefacción y el aire acondicionado a tope porque primero va el bienestar de los míos. Es normal, al final, el capitalismo se enraizó en nuestras vidas, y casi nadie se planteaba el lado negativo (o ni se conocía), y todas sabemos que el capitalismo se nutre del individualismo y no del colectivo. Yo, yo, yo y yo. Yo me lo guiso, yo me lo como. Si no triunfas, eres un inútil. Ya sabes.

Es normal que cambiar esta forma de vida se vea como un incordio. Nos están diciendo que renunciemos a nuestros privilegios, que ya no podemos comernos un solomillo al día si queremos, algo que tanto nos ha costado conseguir, se ve como si tuviéramos que volver a los tiempos de antes. Por un lado, entendemos que a ciertas generaciones les choque. Les enseñaron que para cuidar de su familia había que trabajar para conseguir ciertas cosas, y ahora resulta que esas cosas se están cargando el presente y futuro de su familia. ¿No era suficiente con reciclar? ¿Ahora me pides que te haga una lasaña de verduras con el dinero que me he gastado en escalopes? Son muchos años de hábitos y hay que tener paciencia, pero todo concepto social se puede deconstruir. La clave es ver estos cambios de hábitos como algo positivo y no un incordio, como algo que te beneficia *a ti y ahora* y no solo algo que se hace *por el planeta*. Reducir el consumo de carne roja, no solo por su huella de carbono y la pérdida de recursos que hay detrás, sino porque está literalmente declarada como cancerígena por la Organización Mundial de la Salud. Viajar en tren porque mola mucho más que el avión, y puedes llevar todas las maletas que te salgan del coño.

Aun estando convencida al cien por cien de que estos cambios también son buenos para ti, y que no lo haces solamente por cuidar de la Tierra como concepto, deben venir respaldados por las instituciones. Al final, es algo que nos involucra a todas, y no se puede esperar que la población cambie de hábitos porque sí, sobre todo cuando sí supone un gasto económico. Escuchamos a muchos señores quejarse de que los jóvenes decimos que nos preocupamos mucho por el clima, pero luego viajamos en avión. Germán, si el sector de la aviación es favorecido por las instituciones para pagar menos impuestos y así cobrar a 10 € el vuelo, ¿cómo esperas que coja el tren por 200 € teniendo en cuenta nuestros salarios de mierda? Si la sección de productos vegetales está en una esquina inhóspita del supermercado, en vez de en el mismo estante que sus versiones provenientes de origen animal, ¿cómo podemos pretender que los consuman personas de a pie? Necesitamos que nos lo pongan a huevo a todas, porque, chica, una tiene muchas cosas en la cabeza, y es normal que a veces la vida se te haga bola.

Incluso en un mundo ideal sin *greenwashing*, donde las instituciones y las empresas respaldaran las acciones sostenibles, potenciando y facilitando su consumo hasta tal punto que se normalizase el hábito y no se viese como algo «eco», la realidad es que las acciones individuales por el clima no serían suficientes para mantener un planeta habitable. Por muy buenas que sean, por mucho impacto y «efecto contagio» que tengan, necesitamos acción colectiva.

Como indica Rebecca Solnit en su artículo «Big oil coined 'carbon footprints' to blame us for their greed. Keep them on the hook» para *The Guardian*,[1] las acciones individuales han sido siempre algo atractivo para los movimientos progresistas, y lo también lo son en el movimiento por el clima. La realidad es que los actos individuales no nos llevarán a reducir las emisiones en esta década para mantener el calentamiento global a raya. Necesitamos salir de la era de los combustibles fósiles, reinventar nuestro panorama energético, repensar cómo hacemos casi todo. Necesitamos acción colectiva en todas las escalas, desde local hasta global, y las buenas personas que ya están trabajando en todos esos niveles necesitan ayuda para lograr que una ciudad se comprometa con la energía limpia, o un país para detener el *fracking* o terminar con los subsidios a los combustibles fósiles. La revolución no sucederá si la gente se queda en casa y se porta bien.

La verdad es que las acciones individuales no son suficiente para frenar esto a tiempo, pero la acción colecti-

1. <https://www.theguardian.com/commentisfree/2021/aug/23/big-oil-coined-carbon-footprints-to-blame-us-for-their-greed-keep-them-on-the-hook>.

va que busca cambios en la política y la ley puede. Además, el objetivo de las acciones individuales es, como individuo, no ser parte del problema. No es suficiente que una persona *random* diga: «Yo personalmente no estoy asesinando a nadie», cuando alguien está siendo asesinado a puñaladas delante de ella (y aquellos de nosotros en el norte global tenemos infinitos vínculos con sistemas que están asesinando el clima, por lo que no somos exactamente meros transeúntes). El objetivo para aquellos de nosotros con tiempo, derechos y voz debe ser formar parte de la solución, presionando por un cambio de sistema. Para detener el asesinato. Este ejemplo lo pone también Rebecca en su artículo, no somos tan listas.

Detrás de esto hay un conflicto en cómo nos imaginamos a nosotras mismas, si como consumidoras o como ciudadanas. Los consumidores se definen a sí mismos por lo que *consumen*, lo que compran, poseen, miran... En cambio, los ciudadanos son parte de la sociedad, actores en el sistema político. Además, la acción individual se hace más o menos posible según los sistemas que te rodean. Si tienes paneles solares en tu tejado es porque hay un mercado y fabricantes de energía solar e instaladores y tal vez un acuerdo con su compañía eléctrica para compensarlo por la energía que está poniendo en la red. Quizá debemos vernos entonces como ciudadanía que consume, no consumidores que viven en una ciudadanía. Sí, muchas acciones individuales logran un impacto colectivo, como la cantidad de personas consumiendo más productos vegetales que aumentan la demanda y, por ende, la oferta, pero hay otros hábitos donde esto no sucede tan rápido como necesitamos (es mucho más difícil que nos pongamos a consumir placas solares).

Para cerrar este capítulo, ciela, te dejamos por aquí a Project Drawdown, por si te has quedado con las ganas de que te habláramos de las posibles soluciones que existen. Project Drawdown es un proyecto chulísimo creado por gente aún más chulísima que analiza todas las soluciones existentes contra la emergencia climática a día de hoy, para que las cotillees todas y te dé así un chute de energía y buen rollo que ni el Sunny Delight.

Estas soluciones no son meramente individuales, tipo aísla tu casa, sino que son colectivas, involucrando empresas, gobiernos y ciudadanía. Ponen en evidencia lo que falta y necesitamos urgentemente: un marco político que facilite la participación colectiva, donde las acciones individuales están reconocidas y premiadas, al igual que las medidas estructurales y las acciones de gobiernos, empresas y compañías de combustibles fósiles. Y para ponerles las pilas, flipas la de nuevos casos judiciales que están saliendo por personas que denuncian directamente a gobiernos, empresas e incluso petroleras por los daños que nos están haciendo. Juegan con las reglas del sistema para darle la vuelta a la tortilla, es una pasada esto de la litigación climática. Está claro que no es el poder del individuo solo, sino el de todas.

13. *IT'S CAPITALISM, BITCH*

Canción de la *playlist*:
«Bitch Better Have My Money» - Rihanna

Hay algo que el dinero jamás podrá comprar: las leyes de la física.

MARINA AIZEN, 2022

Mimouuusa

Ingredientes

- cava (o champán, si te sientes muy *fancy*)
- zumo de naranja
- zumo de pomelo

Preparación

Sirve el cava muy muy frío, luego le pones el zumo de naranja y un chorrito del zumo de pomelo. Se lo das a todas tus amigas mientras brindáis por el sistema capitalista como si fuera *Sexo en Nueva York*. Cuánto glamour.

Reducir las emisiones de gases de efecto invernadero hasta llegar a una neutralidad en carbono a mediados de siglo es la única manera de frenar la inercia de calentamiento de la superficie terrestre y mantener un planeta habitable. La transición ya está en marcha para conseguirlo y todas las soluciones y medios ya existen. Ningún sector ni persona debe abstenerse de ello. Ni, claramente, el sistema bajo el que vivimos.

Descarbonizar la economía suena muy *trendy*. Esto significa que transicionar a un modelo energético renovable no es lo único que hace falta, aunque la energía sea la protagonista de esta historia, sino darle una vuelta a los modelos de producción y consumo que transformarán las bases estructurales de nuestra sociedad.

Guau, cuántas palabras difíciles. Necesitamos un descanso. ¿Qué coño acabamos de decir?

Pues que aunque toda la energía que producimos y consumimos viniese de fuentes renovables y no quemáramos más combustibles fósiles, seguiríamos teniendo un elefante rosa en la habitación: el sistema económico bajo el que vivimos, EL CAPITALISMO, de donde se originan los grandes males del mundo. El equivalente de esto sería la fuente de las *Embrujadas*. Tú eres una tía chulísima con tus poderes, ahí codo con codo con tus hermanas intentando luchar contra un montón de demonios que vienen cada x tiempo a darte por culo. Demonios tipo crisis climática, patriarcado... Pero si no te cargas a la fuente, van a seguir viniendo. Y otra vez vuelta a empezar. Y hay gente como Phoebe que está malita, no está en sus cabales y se alía con la fuente, con el capitalismo. Pero es que eso nunca sale bien.

¿Y quiénes son los amantes bandidos del capitalismo? Los ricos, que emiten muchísimo más que todas nosotras, pobres diablas.

¿Qué? ¿Estamos diciendo que abajo el capitalismo? ¿Qué somos?, ¿hippies?

Menudas hipócritas, escribiendo esto desde su MacBook Air...

Y tú qué, ¿de dónde has sacado este libro?, a ver.

Menudas pedazo de ratas que somos. Criticando al sistema mientras nos beneficiamos de él.

Pues permítenos que te digamos una cosa y es que lo estamos haciendo de puta madre, pues parece que nos es más fácil imaginarnos el fin del mundo que el fin del capitalismo.

Piénsalo: ¿cuántas películas sobre el apocalipsis se han hecho y cuántas sobre otros futuros sin capitalismo posibles? No, Narnia no cuenta.

No tiene ningún sentido vivir en un sistema donde la energía es renovable, pero sigue potenciando macrogranjas. La transición ecológica, climática o como la quieras llamar debe tender a un cero neto de emisiones y a reconstruir el sistema sobre una base social, justa y económica que sea sostenible. Ya sabemos que suena mazo a utopía, pero es posible.

Si no te lo crees, reflexionemos un poco sobre las bases del capitalismo. Es un sistema económico literalmente basado en ir contra las leyes de la física, ya que busca siempre más consumo viviendo en un planeta donde los recursos son limitados. Promueve el consumo infinito de bienes finitos a cualquier coste. No sé, Rick, parece falso. Si todas las personas consumiéramos como un estadounidense, necesitaríamos 4,4 planetas para sostener el ritmo. No sabemos qué tenían en mente los señores que plantearon esto cuando lo propusieron, pero hay que reconocer que no tiene ningún sentido y que no funciona.

Bueno, sí sabemos lo que tenían en mente y por qué funciona (para algunos), y es que este sistema necesita sostenerse de la externalización de los costes medioambientales y sociales de sus actividades. Por ejemplo, el coste de una hamburguesa de vaca de una cadena *fast-food* no refleja la degradación medioambiental, las emisiones y el impacto social detrás de su producción, y es la sociedad quien debe soportar el verdadero coste de esta hamburguesa en forma de crisis climática y social. Y así, estos señores pueden seguir enriqueciéndose hasta el infinito a costa de otros. Lo tenemos hasta documentado: los diez hombres más ricos del mundo duplicaron su fortuna durante la pandemia.[1] Si es que hasta la crisis climática les viene bien.

Sí, mucha gente contraargumenta que, gracias al capitalismo, nos hemos desarrollado como sociedad (preguntarnos «qué es lo que entendemos por desarrollo» la dejamos por aquí en el aire). Y que este sistema favorece

1. France24, «Oxfam: los diez hombres más ricos duplicaron su fortuna durante la pandemia», <https://www.france24.com/es/econom%C3%ADa-y-tecnolog%C3%ADa/20220117-oxfam-millonarios-pobreza-pandemia-desigualdad>.

la innovación tecnológica que puede ayudarnos a paliar esta crisis, como el desarrollo de tecnología que impulse la energía renovable. El coste de los paneles solares ha caído un 82% en estos últimos diez años gracias al progreso tecnológico y su competitividad en la cadena de suministro. Pero la cruda realidad es que, para evitar el colapso ambiental y climático, nuestros hábitos de consumo deben cambiar radicalmente. Algo que no es posible bajo una sociedad capitalista. *Sorry.*

Lo que aún parece que a mucha gente le cuesta comprender es que todas estamos en el mismo barco. Y da igual el dinero que tengamos, aquí no puedes marcarte un *Titanic* y subirte a un bote si estás forrado, o a una puerta si eres Kate Winslet. No, mi ciela, aquí nos mojamos todas. Unas empezarán antes, como las comunidades que ya se están viendo afectadas por las consecuencias más graves; otras más tarde, como en Españita, que ya lo estamos empezando a notar con los cambios de temperatura: y algunas más suertudas dentro de un poco más; pero todas nos dirigimos al fondo.

Para evitar que esto se termine de ir a pique tan rápido, tenemos que hacer algo más que dividirnos en clases sociales y echarnos la bronca las unas a las otras. Hay que empezar a darle un enfoque y tomar decisiones que nos lleven a cambios sistémicos, donde todas las comunidades trabajamos juntas con el mismo objetivo: evitar la mayor catástrofe de la historia, tanto para nosotras ahora como para las generaciones futuras. Esto significa tomar decisiones a gran escala, cambiar nuestra forma de consumir, nuestra forma de pensar, nuestra forma de vivir.

Y da muchísima pereza, pero mejor eso que morirse.

Eso de que nos organicemos como ciudadanía a las instituciones no les mola, y nos lo están haciendo lo más complicado posible para que nos parezca mucho más fácil y apetecible cerrar el grifo mientras nos lavamos los dientes, pero insistimos: el cambio tiene que ser estructural. Porque el problema está en todo el enfoque del sistema económico, cuyo objetivo es maximizar las ganancias a costa de tomar decisiones perjudiciales para todos los seres humanos. Especialmente para las comunidades BIPOC,[2] y especialmente en el sur global, perpetuando un sistema profundamente desigual donde se externalizan todos los costes y cada veintiséis horas surge un nuevo multimillonario en un mundo con 3.100 millones de personas en mayor situación de pobreza.[3]

Lo sabemos. Si es que no tiene ningún sentido...

Aunque a todas nosotras nos flipa poner a caldo a personas con nombres y apellidos, y a veces está bien y relaja un montón, no podemos perder la perspectiva de que culpar a individuos específicos es como echarle la bronca a un camarero por cómo está una discoteca, cuando él es un currito más. El problema es del dueño de la discoteca, porque él es quien establece las normas. En el juego del capitalismo las decisiones que joden el me-

2. Acrónimo en inglés de *Black, Indigenous, People Of Color* («personas negras, indígenas y de color», traducido al español). Fuente: <https://afrofeminas.com/2021/11/08/que-significa-bipoc/>.

3. Oxfam International, «Profiting from pain» (2022), <https://www.oxfam.org/en/research/profiting-pain>.

dio ambiente son una consecuencia natural de querer ganar el máximo posible. Es literalmente como cuando te dan garrafón en la discoteca, el dueño solo pone las botellas más baratas para sacar la máxima rentabilidad a su negocio, y le da lo mismo que la calidad sea baja o el impacto que tenga en tu salud, la tremenda resaca que vas a tener al día siguiente.

Debemos tener mucho cuidado con las soluciones que se están proponiendo actualmente, porque muchas de ellas van de ser auténticas revoluciones tecnológicas que salvarán el planeta, el sistema de producción, la economía y te limpiarían la casa, pero no, mi ciela. En realidad son solo alternativas que siguen perpetuando y defendiendo el *statu quo* del que venimos. Ya está más que demostrado que el sistema actual es insostenible, y solo contribuye a aumentar las consecuencias de la crisis climática.

En este punto de la película no podemos permitirnos el lujo de que se nos engañe con alternativas que solo defienden el modelo en el que venimos, en vez de aplicar soluciones reales a los desafíos ambientales. Cuando las cosas no funcionan bien es necesario hacer mejoras estructurales en vez de parches. Las soluciones propuestas dentro del sistema, como tecnología verde o compensación de emisiones, muchas veces son insuficientes y no abordan las causas fundamentales de la crisis climática como tal.

Tampoco podemos demonizar totalmente a las personas que las inventan, ellos intentan jugar en este juego, simplemente no hay que perder la perspectiva y tener claro que si es el sistema capitalista el que está causando los problemas, lo más lógico sería cambiarlo para que funcione mejor para todos.

Aunque en este juego había ganadores y perdedores, no es una cosa nueva, siempre se ha buscado mantener las reglas y seguir generando ganancias para las élites, sin cuestionar nada. Lo que pasa es que ahora le hemos empezado a ver los dientes a un lobo que parecía que no nos seguía. El capitalismo es incompatible con la sostenibilidad ambiental. Pero tampoco es realista pensar que podemos pasar de un modelo de la noche a la mañana.

Y aunque no podemos depender de la inteligencia individual y las revoluciones tecnológicas, la innovación y la tecnología son claves a la hora de buscar alternativas y enfrentarnos a este reto. Pero de la mano de un cambio sistémico, porque necesitamos cambios a nivel estructural y político. Las soluciones individuales no son suficientes para abordar la magnitud de este problema. Como reflexionan las autoras de *(Re)Calientes*, «la transición hacia economías bajas en carbono no puede convertirse en excusa para fomentar un neocolonialismo basado en la extracción barata y sin valor agregado de los bienes naturales del sur global y el sobreconsumo del norte global».

Como humanidad, necesitamos preguntarnos si la estructura bajo la que vivimos es la idónea para seguir... vivas. En un mundo que no aguanta más quema de combustibles fósiles, donde la industria y los gobiernos quieren ir a por más, ¿seremos capaces de imaginarnos otra manera y de actuar a tiempo?

Conclusiones

14. PARA CERRAR BIEN

Quizá haya aspectos de la crisis climática que has echado de menos en este libro. Probablemente te sorprenda que no hayamos hablado más de justicia climática, de activismo, de ciencia o de primeros pasos para contrarrestar la crisis climática en tu día a día.

Podríamos hacernos las chulitas y decir que estamos esperando a tratar todos estos temas en futuros libros, pero no sería verdad. Así que vamos a cometer un poquito de sincericidio no pedido.

Primero, porque no sabemos si conseguiremos volver a engañar a alguien para publicar un libro.

Segundo, porque, francamente, no sentimos que sea nuestra misión. Hay personas chulísimas y listísimas por todo el mundo trabajando con cada aspecto de la crisis climática en profundidad. Son compañeras a quienes admiramos y apoyamos, y no nos cansaremos nunca de recomendar su trabajo. Y sabemos que una no puede abarcarlo todo y que, de hecho, sería un error tratar de hacerlo.

Es la crisis más grande a la que se ha enfrentado la humanidad desde el inicio de su historia, por lo que es un poco flipada mental pensar que un grupo de personas puede llegar a todo. Al menos esta es nuestra humilde opinión.

Quién sabe, quizá en el futuro sí conseguimos volver a engañar a alguien para publicar más libros. Pero en este, nosotras elegimos hablar de comunicación climática. La razón por la que creamos Climabar. ¿A que tiene todo el sentido?

¡Qué bonito!

Aun así, si hay algo que quisiéramos que recordases de este libro, sería:

- Que la industria del combustible fósil sabía que aún tenía años para enriquecerse, a costa de provocar la mayor crisis a la que se ha enfrentado la humanidad.
- Que la crisis climática no es algo del futuro, está pasando ahora. Y se puede frenar, si dejamos de procrastinar.
- Que todas las soluciones ya están inventadas. Hay que dejar de quemar combustibles fósiles, necesitamos las emisiones como el perreo: hasta el suelo. Punto.
- Que la transición ecológica tiene que ser justa e inclusiva.
- Que ya vale de culpar y señalar a la gente de a pie, mientras gobiernos y empresas siguen abriendo nuevas explotaciones de combustibles fósiles y fingiendo demencia.
- Que hay que romper el *statu quo*, amiga. De abajo arriba.
- Que hay un activismo radical. Lo radical es que se siga permitiendo la inacción climática, y se sigan

haciendo las mismas cosas que nos llevaron a esta crisis.

- Que la divulgación, la comunicación y la educación en estos temas tienen que ser continuas. Los medios de comunicación y las personas se transforman sin parar, y tenemos que tratar de unir las nuevas narrativas e ideas utilizando los formatos que van surgiendo para que lleguen a todas las personas. No podemos permitirnos volver a cometer el error de quedarnos en una burbuja, porque no hay tiempo ni ganas.
- Y que si todo esto se te termina haciendo bola, recuerda: puedes pedir tiempo muerto, puedes tomarte un descanso y decir: «Ya mañana sigo agobiándome y con la agonía. Pero *not today, Satan*».

Y por último:

Es difícil comunicar la crisis climática.

Es difícil procesar la información.

Es difícil luchar contra el sistema y los intereses de unos pocos con mucho poder. Lo que hagamos hoy marcará la suerte de la humanidad.

Pero somos muchas las que tenemos el objetivo de mantenernos vivas y proteger a nuestra gente.

Chica, tú que pensabas que no valías ni para hacer la O con un canuto. Mira qué superpoder y misión tienes.

Aquí te dejamos este cuñado para colorear en momentos en los que la ansiedad climática te apriete.

Agradecimientos

A nuestras amigas, los amores de nuestra vida. La mayor red de apoyo que hemos tenido siempre, quienes creyeron en nuestro delirio desde los inicios. Son el mejor remedio cuando la ecoansiedad se te sube a la chepa.

A nuestra familia, a quienes no dejaremos de agradecer nunca que nos llevaran al mismo colegio donde nos conocimos. A nuestras hermanas y hermanos, que nos hacen salir de nuestra propia burbuja.

Al Aita, por todo.

A todas y todos los que crean contenido, divulgan, inspiran, investigan, luchan y, en definitiva, dan la turra para que este mundo dé un poquito menos de lache. Y sobre todo a ti, a todas las que habéis creído en esta locura de proyecto, lo habéis compartido, apoyado, comentado..., llegando finalmente a este libro.

Un beso, cielas.

Nos vemos en los bares.

Anexo - Recursos

No estábamos nada seguras de añadir esta última parte. A pesar de que pensamos que es algo superútil, y hasta a nosotras mismas nos gustaría verlo en otros libros, nos daba muchísima ansiedad escribirlo. Porque como nosotras huimos del conflicto haciendo la croqueta, pensar que seguro que nos dejábamos a alguien nos quitaba el sueño. Pero, finalmente, hemos decidido darles utilidad a las sesiones de terapia y añadir este anexo. Aunque no sea perfecto. Aunque esté incompleto. Aunque seguro que al publicar el libro se nos ocurren mil recomendaciones más. Lo sentimos si alguien se ofende por no aparecer aquí, no es personal. Y siempre seguiremos haciendo recomendaciones en nuestras redes.

Así que, por ahora, lo que se nos ocurre para comenzar es esto:

1. *Not Too Late*, por Rebecca Solnit y Thelma Young Lutunatabua. Te dejamos por aquí también su página web, donde tienen una lista de recomendaciones buenísima: <https://www.nottoolateclimate.com/>.

2. *El libro del clima* (Lumen, 2022), por Greta Thunberg. Un clásico en colaboración con activistas de todo el mundo.
3. *Don't Even Think About It: Why Our Brains Are Wired to Ignore Climate Change*, por George Marshall. El *crush* de Car también tiene una organización centrada en comunicación climática llamada Climate Outreach que hace un trabajazo. También tiene alguna TEDx por ahí en YouTube que te puedes poner en plan pódcast.
4. Qué decir sobre Earthrise Studio. Enamoradas. <https://www.earthrise.studio/>.
5. A nuestras amigas de *(Re)Calientes* y todo el trabajo que hacen en Periodistas por el Planeta: <https://periodistasporelplaneta.com/>.
6. *Ecoansias* (Ariel, 2020), de Irene Baños. Para cuando todo el tema climático se te haga bola. Será tu *safe space*.
7. *Esto lo cambia todo: el capitalismo contra el clima* (Paidós, 2015), de Naomi Klein. Un clásico que no pasa de moda. Al igual que absolutamente todo lo que ella escribe. <https://twitter.com/NaomiAKlein>.